Maxmilla Makhanu
Dickson Andala
Evans Changamu

Engrais au phosphate diammonique

Maxmilla Makhanu
Dickson Andala
Evans Changamu

Engrais au phosphate diammonique

à partir d'acide phosphorique enrichi en phosphate d'os et d'ammoniac à partir de nitrure de lithium et son efficacité dans la culture de tomates

ScienciaScripts

Imprint

Any brand names and product names mentioned in this book are subject to trademark, brand or patent protection and are trademarks or registered trademarks of their respective holders. The use of brand names, product names, common names, trade names, product descriptions etc. even without a particular marking in this work is in no way to be construed to mean that such names may be regarded as unrestricted in respect of trademark and brand protection legislation and could thus be used by anyone.

Cover image: www.ingimage.com

This book is a translation from the original published under ISBN 978-620-4-71778-4.

Publisher:
Sciencia Scripts
is a trademark of
Dodo Books Indian Ocean Ltd. and OmniScriptum S.R.L Publishing group
Str. Armeneasca 28/1, office 1, Chisinau MD-2012, Republic of Moldova, Europe
Printed at: see last page
ISBN: 978-620-5-35798-9

Contenu

Dédicace 2

Remerciements 3

Résumé 4

CHAPITRE 1 5

CHAPITRE 2 11

CHAPITRE 3 33

CHAPITRE 4 54

CHAPITRE 5 66

Références 67

Annexes 74

A mon fils Louis Naftali Makokha

Remerciementss

Ce travail n'aurait pu être accompli sans la bonne volonté et la précieuse contribution d'autres personnes. C'est pourquoi je tiens à remercier à titre posthume le professeur Naftali Muriithi pour ses conseils et ses avis durant les premières étapes de mon travail. Ayant été le cerveau de ce travail, j'aurais souhaité qu'il soit là pour voir ce travail achevé. Que Dieu fasse reposer son âme dans la paix éternelle. Je tiens également à remercier mes autres superviseurs, le Dr Evans Changamu et le professeur Dickson Andala, pour leurs encouragements et leur contribution à l'achèvement de ce travail. Leurs corrections et suggestions ont contribué à la forme actuelle de mon travail. Je remercie également le personnel technique du Centre de Technologie Appropriée et du Département de Chimie. En particulier, je tiens à remercier M. Patrick Njoka, le technicien en chef (Centre de technologie appropriée), qui a veillé à ce que je bénéficie de toute l'assistance technique dont j'avais besoin au cours de mes recherches. Je remercie également mon défunt père Felix Makhanu Nabiswa qui est décédé le 30 juillet 2009 au cours de mes études, mes frères Francis Xaviour Makhanu, Ferdinand Nabiswa Makhanu, Simon Wafula Makhanu, et ma sœur unique Inviolata Nafula Makhanu pour leur aide financière continue, leurs prières et leurs encouragements tout au long de la période de ce travail. Enfin, c'est avec une grande humilité que j'apprécie sincèrement le rôle joué par Abel Makokha Kweyu dans la réalisation de ce travail. Il est l'un des rares et il n'y a pas de meilleurs mots pour le remercier que de demander à notre Dieu tout-puissant de le bénir. Par-dessus tout, je rends à Dieu toute la gloire et l'honneur de m'avoir donné la vie et de m'avoir accompagné tout au long de ce parcours.

Abstract

Le phosphore obtenu à partir du phosphate naturel est l'un des éléments essentiels à la production alimentaire et à l'agriculture moderne. Par conséquent, pour assurer la durabilité de l'approvisionnement alimentaire et le développement de l'agriculture, la gestion du phosphore est essentielle. Les périodes estimées au cours desquelles les roches finies pourraient être épuisées vont de 30 à 300 ans. On s'accorde généralement à dire qu'il y a une diminution des réserves accessibles de phosphore. Parmi les alternatives au phosphore naturel, on trouve les os d'animaux éliminés comme déchets des abattoirs dans les grandes villes. Les os d'animaux ont une forte concentration de phosphate qui peut être récolté et utilisé dans la production d'engrais, mais ils prennent de nombreuses années pour se décomposer et libérer le phosphate. L'objectif de cette étude était de préparer de l'acide phosphorique enrichi en phosphate d'os à partir d'os d'animaux mis au rebut et de l'utiliser pour préparer un engrais DAP et déterminer son efficacité dans la culture de tomates en serre. Des os d'animaux (principalement des os de bovins) ont été collectés sur la décharge municipale de Kachok, dans le district de Kisumu West, au Kenya. Ils ont été lavés, séchés et écrasés en petites particules à l'aide d'un marteau, puis broyés dans un moulin. Les os broyés ont été extraits avec 0,275M H_3PO_4 pour donner une solution d'acide phosphorique enrichie en phosphate d'os 4,58 M. L'azote a été extrait de l'air en faisant passer l'air sur des limailles de cuivre chauffées et a réagi avec le lithium pour former du nitrure de lithium. Le nitrure de lithium a ensuite été hydrolysé pour former de l'ammoniac qui a réagi avec l'acide phosphorique enrichi en phosphate d'os pour générer l'engrais à base de phosphate diammonique $(NH_4)_2HPO_4$). Le lithium métal a été recyclé par électrolyse de LiCl en utilisant l'électricité générée par un système hybride solaire et éolien dans une cellule fabriquée à l'atelier d'ingénierie de l'Université Kenyatta. La composition en pourcentage de l'azote (Kjeldahl) dans le phosphate diammonique s'est avérée être de 17,14 % N tandis que celle du phosphate s'est avérée être de 44,58 % P_2O_5 . Le procédé a permis de séparer 98,87 % de N_2 de l'air, de convertir 94,74 % du lithium en nitrure de lithium et 94,75 % du nitrure de lithium en ammoniac. Le rendement en pourcentage de $(NH_4)_2HPO_4$) obtenu par la réaction de l'ammoniac avec 4,58 M H_3PO_4 était de 48,06 %. L'efficacité du phosphate diammonique dans la culture des tomates en serre a été déterminée avec le phosphate diammonique obtenu commercialement comme témoin positif et sans engrais comme témoin négatif. Les paramètres de croissance des tomates, notamment la hauteur des plantes, la longueur des feuilles, la largeur des feuilles et la longueur des racines, ont été obtenus sur une période de douze semaines. Les résultats ont montré que les paramètres de croissance enregistrés pour les plants de tomates cultivés avec l'engrais synthétisé n'étaient pas significativement différents de ceux enregistrés pour les plants de tomates cultivés avec l'engrais commercial (valeurs p = 0,000 < 0,05). Cependant, les paramètres de croissance des plants de tomates cultivés sans aucun engrais étaient significativement différents (valeur inférieure) de ceux cultivés avec l'engrais. Sur la base des résultats obtenus, on peut conclure que l'engrais à base de phosphate d'os préparé dans cette étude était aussi efficace que l'engrais commercial. Il s'agit d'un résultat significatif dans la mesure où il montre que les os d'animaux peuvent être convertis en un engrais phosphatique facilement disponible. Une étude pilote sur la production de cet engrais est recommandée.

.

CHAPITRE 1

1 Introduction

1.1 Informations générales

La faim zéro est l'objectif de développement durable numéro deux des Nations unies dont l'objectif principal est d'éliminer toutes les formes de faim et de malnutrition d'ici 2030 (UN DESA, 2015). Cet objectif est atteint en s'assurant que toutes les personnes (en particulier les enfants) disposent d'une alimentation suffisante et nutritive tout au long de l'année (UN DESA, 2015). Cela comprend la promotion d'une agriculture durable, le soutien aux petits agriculteurs, l'égalité d'accès à la terre, des technologies améliorées, l'accès à des marchés prêts et le développement des infrastructures (FAO, 2006). La disponibilité du phosphore est un facteur qui risque de faire obstacle à la réalisation de cet objectif de développement durable ainsi qu'à son ou ses successeurs pour les engrais phosphatés. Un récent article de synthèse paru dans Contemporary Agriculture résume ainsi les problèmes liés au phosphore,

" Le phosphore est un nutriment essentiel pour toutes les formes de vie, ce qui signifie que la nourriture ne peut être produite sans lui. Comme la roche phosphatée (source concentrée de phosphore) est une ressource non renouvelable et limitée, sans substitut, sans une gestion plus durable du phosphore, ses gisements pourraient être épuisés dans un délai assez court. En outre, une grande partie du phosphore finit par se retrouver dans l'environnement, où il est source de pollution. On pourrait donc dire que le manque de phosphore et sa gestion inappropriée pourraient constituer un goulot d'étranglement pour un approvisionnement alimentaire durable et le développement agricole en général. Néanmoins, contrairement à certains autres défis auxquels l'agriculture moderne doit faire face (par exemple, la pénurie d'eau et d'énergie, les changements climatiques, etc.), le problème de la disponibilité et de l'accessibilité limitées du phosphore a été largement négligé jusqu'à récemment."

(Christopher *et al.*, 2018).

Le phosphore est actuellement fourni par des engrais phosphatés fabriqués à partir de roches phosphatées limitées et doit donc être géré pour assurer la durabilité d'un approvisionnement alimentaire adéquat et le développement de l'agriculture. Il y a cependant beaucoup d'incertitude car les réserves de haute qualité pourraient être épuisées dans les 30 à 40 prochaines années. Les gisements à faible teneur en raison de la contamination par des métaux lourds tels que le cadmium ou l'uranium sont susceptibles de subsister. (Marald *et al.*, 1998 et Emsley, 2000). En

5

outre, l'extraction et la purification de ces gisements à faible teneur entraînent également des problèmes environnementaux dus à l'énorme quantité de déchets de phosphogypse contaminés par des radionucléides (Marald *et al.*, 1998 et Emsley, 2000).

Le processus de production d'engrais phosphatés à partir de phosphate naturel se poursuit depuis 1867, et un nombre croissant d'études suggère que l'extraction mondiale de phosphate naturel atteindra son pic dans les prochaines décennies. Les réserves potentielles restantes sont caractérisées par une qualité médiocre dont l'extraction est coûteuse (Runge-Metzger, 1995 ; Steen, 1998 ; EconSanRes, 2003 ; Dery et Anderson, 2007 et Cordell et White, (2011). Il n'y a cependant pas de consensus clair sur le moment où l'extraction est susceptible d'atteindre son pic. Cordell *et al.*, 2009 et Cordell, 2010 estiment que le phosphore atteindra son pic entre 50 et 100 ans, tandis que Steen, 1998 ; Driver *et al.*, 1999 et Stewart *et al.*, 2005 répètent que ces estimations excluent les réserves qui ne sont pas économiques à exploiter. Cordell *et al.*, 2009 estime que le pic se situe à 350 ans sur la base de la capacité de production actuelle, sans tenir compte de la demande accrue de phosphore. La rareté des phosphates naturels est le résultat des pertes dues au ruissellement agricole, à l'érosion, aux déchets animaux, d'où la nécessité d'une approche plus efficace pour faire face à l'avenir de la pénurie de phosphore. Il s'agit notamment d'explorer des mécanismes qui minimisent les fuites, la récupération et le recyclage du phosphore dans les différentes chaînes de transformation (Cordell *et al.*, 2009).

Larsen et ses collègues ont suggéré que l'extraction du phosphore des eaux usées est une solution possible à la grande dépendance aux gisements fossiles. Jusqu'à présent, l'importance de la récupération des nutriments à partir des eaux usées a été sous-estimée, mais il est clair qu'elle pourrait contribuer de manière significative à surmonter la crise du phosphore qui se profile (Larsen *et al.*, 2007). Comme de plus en plus de personnes quittent les zones rurales pour vivre dans les villes, les aliments sont déplacés des zones de production vers les villes et avec eux le phosphore incorporé qui finit par se retrouver dans les eaux usées municipales, les déchets d'abattoirs et les décharges. La récupération du phosphore à partir de ces sources pour la production alimentaire devrait être une priorité à l'avenir. La fabrication d'engrais phosphorés à partir de déchets organiques disponibles localement, tels que les excréments humains, les sous-produits de déchets organiques industriels, les excréments d'animaux, les poissons, les cendres, les os et autres sous-produits d'abattoirs, était pratiquée avant la découverte de la production chimique (Cordell *et al.*, 2009). Au début des 17e et 18e siècles ([th]), l'Angleterre importait des os de ses voisins et les utilisait pour compléter les excréments animaux et humains qui étaient utilisés comme sources de phosphore (Cordell *et al.*, 2009).

Les os d'animaux, qui contiennent une structure carbonate - hydroxyle - apatite, sont toujours éliminés comme des déchets par les abattoirs des grandes villes, alors qu'ils sont des sources de phosphate à forte concentration qui peuvent être récoltés et utilisés pour la production d'engrais. Les os sont les formes les plus concentrées de phosphates organiques dérivés des aliments pour animaux et de leurs suppléments et ils sont utilisés pour la production de cultures. Ils ont la plus forte concentration de phosphore dans la fraction soluble dans l'eau (505mg/kg) par rapport au phosphate transformé qui a 307mg/kg (Knox *et al.*, 2006). Les teneurs en calcium et en phosphore (25 - 29 % Ca et 15 -19 % P) sont comparables à celles des roches naturelles (35 $\pm$ 2 % Ca et 15 $\pm$ 1 % P) (Coutand *et al.*, 2008). Les résultats expérimentaux de Caynela (Caynela etal., 2009) indiquent que lorsque les sols sont traités avec de la farine d'os, il y a une augmentation des minéraux de carbone, de l'azote, de la taille et de l'activité de la biomasse microbienne. Par conséquent, l'utilisation des os dans cette étude présente un processus de recyclage du phosphore organique.

L'engrais phosphate diammonique (DAP) est un engrais phosphoré largement utilisé, appliqué aux sols pour remédier aux faibles niveaux de phosphore résultant d'une agriculture intense

(IPNI, 2015). Il contient de l'azote qui est important pour favoriser une croissance végétative rapide et du phosphore qui est un composant de l'ATP et de la chlorophylle indispensable à la production alimentaire. Le DAP est connu pour avoir de bonnes propriétés physiques telles qu'une grande solubilité qui en fait un choix populaire dans l'agriculture et son utilisation dans d'autres industries. Il a d'autres utilisations, notamment comme retardateur de feu et pour la finition des métaux (IPNI, 2015). Il est produit à partir de deux constituants communs, l'ammoniac (issu du procédé Haber) et l'acide phosphorique provenant de la roche phosphatée. La fabrication industrielle de l'acide phosphorique se fait principalement par des procédés thermiques et humides.

1.2 Exposé du problème

La principale source de phosphore utilisée pour la production d'engrais phosphatés est la roche phosphatée. Certains des inconvénients de la roche phosphatée sont sa rareté, son caractère non renouvelable et son processus d'extraction coûteux. Il est donc souhaitable de trouver d'autres sources de phosphate. Les os d'animaux constituent une source riche en phosphate mais ils libèrent lentement le phosphate lorsqu'ils sont broyés et utilisés directement comme engrais. L'objectif de cette étude était d'extraire le phosphate des os dans de l'acide phosphorique commercial et de faire réagir l'acide riche en phosphate avec de l'ammoniac pour générer du phosphate diammonique, un engrais très recherché dans la production agricole. Pour pallier le coût élevé de la production d'ammoniac, une synthèse alternative de l'ammoniac a été réalisée par hydrolyse du Li_3N obtenu en faisant réagir du Li métallique avec du diazote extrait de l'air sur le site. Pour assurer la durabilité du processus, l'énergie nécessaire à l'électrolyse et au chauffage du LiCl dans une cellule électrolytique préfabriquée a été générée sur place à l'aide d'un système hybride solaire-éolien. L'engrais de phosphate diammonique préparé en laboratoire a été évalué en cultivant des tomates dans la serre par rapport à l'engrais obtenu commercialement. Les données recueillies ont été analysées par l'ANOVA à sens unique.

1.3 Hypothèse

L'efficacité de l'engrais de phosphate diammonique préparé à partir d'acide phosphorique enrichi de phosphate d'os dans la culture des tomates n'est pas significativement différente de celle de l'engrais de phosphate diammonique commercial.

1.4 Objectif de l'étude

1.4.1 Objectif général

Évaluer l'efficacité de l'engrais de phosphate diammonique préparé à partir d'acide phosphorique enrichi de phosphate d'os et d'ammoniac généré par l'hydrolyse du nitrure de lithium dans la culture de tomates en serre.

1.4.2 Objectifs spécifiques

i) Préparer du nitrure de lithium à partir de lithium métallique et d'azote extrait de l'air.

ii) Fabriquer une cellule d'électrolyse fonctionnant avec une source d'énergie hybride solaire et éolienne pour la récupération du lithium usagé.

iii)Extraire le phosphate d'os par hydrolyse acide pour la production d'engrais à base de phosphate diammonique.

iv)Synthétiser et caractériser les engrais à base de phosphate diammonique.

v) Évaluer l'efficacité de l'engrais de phosphate diammonique préparé pour la culture de tomates en serre.

1.5 Justification de l'étude

Les os d'animaux, qui sont généralement éliminés comme des déchets par les abattoirs des grandes villes et des villages et qui mettent de nombreuses années à se décomposer, ont une forte concentration de phosphate qui, s'il est récolté, peut être utilisé pour la production d'engrais. Récupérer le phosphate des os et l'utiliser pour produire du DAP contribue à son recyclage dans l'environnement et soutient la production alimentaire.

1.6 Importance de l'étude

Les os des animaux, dont la fraction soluble dans l'eau est la plus concentrée en phosphore, ont été transformés en phosphates facilement disponibles pour la production agricole.

CHAPITRE 2

2 Revue de la littérature

2.1 Introduction

Le phosphore est un élément hautement réactif en raison de sa position dans la croûte terrestre, c'est pourquoi on le trouve combiné dans la nature dans les phosphates des roches organiques (White et Hammond, 2008). Il est généralement associé au calcium, au sodium, au fluor, au chlore, au fer, à l'aluminium, au magnésium, au cadmium et à l'uranium, entre autres. Dans la biosphère, il existe presque exclusivement sous forme de phosphate (PO_4^{3-}) sous forme d'esters d'orthophosphate. Dans la lithosphère, il est surtout présent sous forme d'apatite [$3Ca_3 (PO_4)_2$ X Ca. $Fe(Cl)_2$] et de fluorapatite [$Ca_5 (PO_4)_3$ F, d'hydroxyapatite [$Ca_3 (OH) (PO_4)_3$ qui contient $P_2 O_5$ et CaO dans un rapport molaire de 3:3 (Jogi, 2002).

L'unité de mémoire génétique (ADN) présente dans tous les êtres vivants contient du phosphore. L'ARN, un composé qui initie le processus de lecture du code génétique de l'ADN pour construire des protéines et d'autres composés importants pour la structure des plantes et le rendement élevé des graines, est un composant du phosphore. Le phosphore est un composant important de l'ATP, l'"unité énergétique" des plantes. Les processus végétaux tels que la photosynthèse, la croissance des semis, la formation des grains et la maturité entraînent la formation d'ATP. L'ATP joue son rôle en capturant et en convertissant l'énergie solaire en composés végétaux utiles. Le phosphore est l'un des trois principaux constituants des engrais chimiques inorganiques (NPK) qui sont utiles à la production d'aliments. Il joue un rôle important dans la stimulation du développement des racines, l'augmentation de la résistance des tiges des plantes, l'amélioration de la formation des fleurs et la production de graines, et aide les cultures à atteindre une maturité précoce et uniforme. Le phosphore contenu dans les engrais NPK aide les plantes à augmenter leur capacité de fixation de l'azote, à améliorer la résistance aux maladies et ses faibles niveaux entraînent une croissance ralentie des plantes.

11

L'excès de phosphates provenant des engrais, des détergents et de la soude pénètre dans les rivières, les lacs et les océans, ce qui entraîne une eutrophisation provoquant une pollution de l'eau. Les boues d'épuration sont l'une des méthodes utilisées pour retourner les nutriments à l'agriculture (Kirchmann *et al.*, 2017). D'autres méthodes comprennent, les toilettes à compostage, la direction de l'urine, l'application plus efficace des engrais et les innovations technologiques. La croissance de la population mondiale entraîne une augmentation des besoins alimentaires qui a un impact direct sur le développement de l'agriculture, lequel est directement lié à l'augmentation de la production et de la consommation de phosphates. Les engrais inorganiques contenant de l'azote, du phosphore et du potassium jouent un rôle majeur en imposant les quantités et la qualité des produits agricoles. Par conséquent, les engrais inorganiques contribuent à fournir la nourriture nécessaire à la population mondiale croissante (Kirchmann *et al.*, 2017).

Le DAP est l'engrais phosphoré inorganique le plus utilisé dans le monde pour la culture des plantes. Il contient de l'azote qui est important pour favoriser une croissance végétative rapide et du phosphore qui est le principal constituant de l'ADN et de l'ARN (éléments constitutifs essentiels de la vie) (IPNI, 2015). Le DAP possède d'excellentes propriétés physiques, notamment sa teneur relativement élevée en éléments nutritifs et sa grande solubilité qui en font un choix populaire en agriculture. Il a d'autres utilisations, notamment comme retardateur de feu, pour la finition des métaux, et il est ajouté au vin pour soutenir les levures (IPNI, 2015). Le DAP est fabriqué à partir de deux constituants communs, l'ammoniac (issu du procédé Haber) et l'acide phosphorique. Industriellement, l'acide phosphorique concentré est produit à partir de roche phosphatée principalement par des procédés thermiques et humides (Marshall, 1979).

Ce chapitre examine le rôle du phosphore dans la réalisation de la sécurité alimentaire mondiale, les sources de phosphore, les processus d'extraction du P des sources de phosphate et leur conversion en engrais à base de phosphate d'ammonium.

2.2 Le rôle de l'agronomie dans la sécurité alimentaire mondiale

Le rôle de l'agriculture dans le développement de l'économie kenyane ne peut être sous-estimé. Les processus de production, de transformation et de distribution des produits agricoles fournissent directement des emplois et augmentent les niveaux de pourcentage du PIB du comté. Toutes les industries (fabrication, distribution et services) ont un lien direct avec l'agriculture. Plusieurs facteurs tels que les changements climatiques imprévisibles, la gestion non qualifiée des exploitations agricoles, l'incapacité à adopter des technologies agricoles modernes, l'application d'intrants agricoles, ont considérablement affecté la productivité du secteur agricole (IFFRI, 2013).

Un certain nombre de parties prenantes s'accordent à dire que l'utilisation d'engrais inorganiques est essentielle pour augmenter la production agricole. La population mondiale augmente d'année en année, par exemple, la population mondiale en octobre 2011 était de 7 milliards et en mars 2020, elle était de 7,8 milliards (World Development Prospects, 2020). Au Kenya, la population totale en 2014 était de 44 millions, en 2015 de 45 millions et en 2016, la population a augmenté à 46 millions de personnes (Population and Housing Census, 2017). Sur cette population totale, deux à quatre millions de personnes au Kenya reçoivent une aide alimentaire chaque année (World Development Prospects, 2016) et cela pose un sérieux défi à la sécurité alimentaire.

On estime que de 2010 à 2030, l'impact de la malnutrition dans le pays en raison de la diminution de la population active coûtera au Kenya 38,3 milliards de dollars de PIB (Feed the Future Profile, USAID. 2019). Le faible rendement agricole qui est directement lié à l'insuffisance des apports en engrais est l'une des principales causes de la pauvreté (Feed the Future Profile, USAID. 2019). Les agriculteurs ne sont pas en mesure de mettre suffisamment d'engrais en raison des coûts élevés (Feed the Future Profile, USAID. 2019) et, par conséquent, toute contribution visant à réduire le coût des intrants agricoles est hautement souhaitable.

La FAO 2018 définit la sécurité alimentaire comme l'accès physique et économique à une nourriture suffisante, sûre et nutritive pour chaque personne. Si cette nourriture n'est pas disponible, on dit que la population est en situation d'insécurité alimentaire. Le manque de pouvoir d'achat et l'utilisation inappropriée de la nourriture au niveau des ménages sont également qualifiés d'insécurité alimentaire. L'augmentation des intrants agricoles est donc nécessaire pour accroître la production alimentaire afin de répondre à l'augmentation de la population. La hausse de la production agricole dépend de l'augmentation de la production dans les exploitations disponibles grâce à l'amélioration des pratiques de gestion des nutriments et des technologies de fertilisation (FAO, 2018). Les statistiques montrent que le pourcentage moyen des rendements résultant de l'application d'engrais varie entre 40 et 60 % aux États-Unis et en Angleterre et augmente dans les pays tropicaux (FAO, 2018).

L'utilisation d'engrais chimiques a permis d'augmenter le rendement des cultures et de nourrir une population mondiale en pleine expansion au cours des cinquante dernières années (IFFRI, 2013), mais le phosphate naturel est rare, coûteux à extraire et non renouvelable (Cordell & White, 2009). La demande d'azote, de phosphore et de potassium, qui sont les principaux nutriments des engrais inorganiques, devrait augmenter de 1,8 % par an de 2014 à 2018, avec une croissance annuelle de 1,4, 2,2 et 2,6 % pour l'azote, le phosphore et le potassium respectivement au cours de la période (FAO, 2018). De même, la ventilation du pourcentage du potentiel d'azote, de phosphore et de potassium pour les années 2014, 2015, 2016, 2017 et 2018 est présentée dans la Fi gure 2.1.

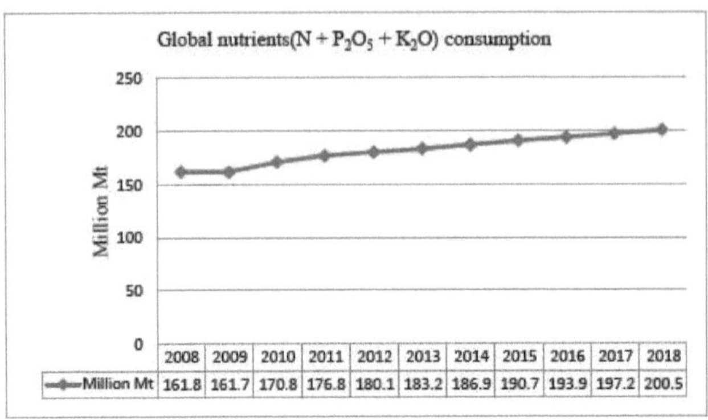

Figure 0. 1 : Consommation mondiale de nutriments (FAO, 2017)

Les données des tableaux 2.1 et 2.2 montrent que les NPK, DAP et CAN représentaient 71 % du total des engrais officiellement importés au Kenya (Kenya National Bureau of Statistics, 2016).

Tableau 2.1 Importations d'engrais au Kenya 2012 - 2015 (KNBS, 2016)

Code SH	Nom de l'engrais	2012(volumes, MT)	2013(volumes, MT)	2014(volumes, MT)	2015(volumes, MT)
3105200000	NPK	139578	129540	136880	166348
3105300000	DAP	126470	273939	144450	127672
3102400000	CAN	53616	101201	87900	99120
3105510000	NP	12058	20853	35594	65295
3102100000	UREA	46684	49983	64779	54419
Total des engrais (Mt)		445180	690032	494720	556432

Tableau 2.2 Prix projetés des importations d'engrais en 2015 (1/1/2015 - 31/12/2018) (KNBS, 2017).

Code SH	Nom de l'engrais	Volumes (Mt)	Valeurs (USD)	USD/Tonne
3105300000	DAP	127672	65,628,853	514
3102400000	CAN	99120	35,551,865	328
3105513705	NP 23,23,0	64672	29,977,883	464
3105203104	NPK 25,5,5	46574	17,134,328	368
3102100000	UREA	43584	14,506,355	333
3105203120	NPK 26,22,0	38374	14,262,557	372
3105202522	NPK 17,17,17	31339	13,873,696	443

2.3 Le rôle des engrais

Les engrais sont définis comme toute matière organique ou inorganique, naturelle ou synthétique, qui fournit un ou plusieurs des éléments chimiques nécessaires à la croissance des plantes (Jahn, 2004). Les engrais sont ajoutés pour remplacer les éléments essentiels utilisés ou épuisés par les cultures précédentes et pour modifier les teneurs en éléments nutritifs du sol en fonction des objectifs fixés (Considine, 1994), c'est pourquoi on ne saurait trop insister sur leur importance. Les plantes ont besoin de six éléments nutritifs principaux, à savoir le calcium, le soufre, le magnésium, l'azote, le potassium et le phosphore. La plupart des sols contiennent des quantités suffisantes des trois premiers. Les engrais synthétiques se concentrent donc sur l'apport d'un ou plusieurs des trois derniers éléments, à savoir l'azote, le phosphore et le potassium, indiqués sur un sac d'engrais sous la forme (NPK) où N = 17 % d'azote, P = 46 % de $P_2 O_5$ et K = 0 % de $K_2 O$ (Lapedes, 1997).

Les trois premiers nutriments essentiels des plantes (N, P, K) sont nécessaires à leur croissance (Dery et Anderson, 2007). L'azote et le potassium sont abondants et apparemment infinis, mais le phosphore est limité et donc en faible proportion. De plus, il n'y a pas d'alternative au phosphore dans la croissance de tous les organismes vivants (Steen, 1998 ; Johnson, 2000), il est donc important de s'assurer de la disponibilité et de l'accessibilité continues des sources de phosphate. L'azote est important pour favoriser une croissance végétative rapide, la synthèse des acides aminés, la régulation de l'absorption d'autres nutriments, la formation et la fonction de la chlorophylle (Ball, 2007).

Le phosphore, quant à lui, stimule la formation et la croissance précoce des racines, accélère la maturité, le développement des graines, les changements d'énergie et les processus de transformation des sucres en hormones et les processus de conversion dans lesquels les sucres sont convertis en hormones, en protéines et en énergie (Ball, 2007). Le potassium est important pour le renforcement des parois cellulaires (Ball, 2007). Les engrais chimiques, composites et de résidus sont appliqués pour obtenir un équilibre dans les nutriments et la croissance des plantes car les engrais organiques ont tendance à varier dans leur composition (Ball, 2007). Un engrais tel que le phosphate diammonique est largement utilisé lors de la plantation car il est composé d'azote et de phosphore qui sont à des niveaux de concentration élevés. Le phosphate diammonique a une forte concentration en nutriments, de bonnes facilités de stockage et de manutention, sa solubilité dans l'eau est relativement élevée et il est relativement facile à produire dans de grandes usines (Ball, 2007). Le marché mondial des utilisateurs finaux produit plus de 98,6 milliards de dollars et devrait atteindre 114 milliards de dollars d'ici 2018 (FAO, 2017).

2.4 Sources d'engrais phosphorés

L'élément phosphore a été découvert par l'alchimiste allemand Henning Brandt il y a plus de 300 ans. Il a procédé à la distillation de cinquante gallons d'urine pour produire la "pierre philosophale" qui devait donner de l'or (Emsley, 2000). Ces expériences lui ont permis de découvrir du phosphore pur qui brillait dans l'obscurité et était hautement inflammable. En 1840, le chimiste allemand Liebig a découvert le phosphore en faibles proportions qui était utilisé pour la croissance des plantes. Il était également utilisé dans les engrais chimiques. Avant cette découverte, des engrais à base de compost et de résidus étaient appliqués sur les cultures pour augmenter les niveaux de phosphore dans les sols (Marald, 1998).

Le mouvement et l'échange de phosphore entre les organismes vivants et non vivants dans la croûte terrestre, qui s'étendent de quelques jours à plusieurs années, rendent le phosphore renouvelable. Par conséquent, les matériaux composites et les résidus qui comprennent les résidus de cultures, les déchets alimentaires et les déchets animaux sont également qualifiés de sources renouvelables de phosphore. Les sources non renouvelables de phosphore comprennent les roches phosphatées, qui circulent entre la terre et l'hydrosphère. Le phosphore se trouve sous forme combinée et c'est pourquoi l'industrie minière mesure le pentoxyde de phosphore ($P_2 O_5$), qui contient 44 % de P.

Le phosphate naturel contient environ 5 à 13 % de P (Brink, 1977 ; Gilbert, 2009 et Jasinski, 2009) et il est généralement concentré à des niveaux plus élevés de 11 à 15 % de P pendant le processus de fabrication. Ces niveaux sont à comparer aux 0,1 % de P, concentrations de phosphore dans la croûte terrestre supérieure. Le phosphate naturel est la source de tous les engrais chimiques phosphorés tels que les superphosphates simples, le phosphate diammonique et les nitrophosphates.

Il existe quatre types de gisements naturels de phosphate naturel (Sayma et Sharba, 2019). Leurs structures contiennent du quartz, des silicates, des carbonates, des sulfates et des sesquioxydes. Les apatites ignées et métaphoriques sont qualifiées de moins réactives en raison de leur structure cristalline bien développée qui contient 30 à 45 % de $P_2 O_5$ (Schorr et Lin, 1997). Les phosphates naturels contiennent des éléments tels que le cadmium, l'uranium, le plomb, le mercure et l'arsenic qui sont dangereux pour l'environnement. Les engrais superphosphatés produits à partir de phosphate naturel contiennent ces éléments qui, lorsqu'ils sont appliqués sur les sols, contaminent les terres agricoles. Le processus de production des engrais chimiques phosphatés consiste à faire réagir le phosphate avec de l'acide sulfurique dilué, comme le résument les équations 2.10, 2.11 et 2.12 ci-dessous.

$$Ca_5(PO_4)_3 X + 5H_2SO_4 + 10H_2O \rightarrow 3H_3PO_4 + 5CaSO_4 . 2H_2O + HX \qquad 2.10$$

Où X peut inclure OH, F, Cl et Br.

$$Ca_3(PO_4)_{2\,(s)} + 4H_3PO_{4(aq)} \rightarrow 3Ca(H_2PO_4)_{2\,(s)} \qquad 2.11$$

$$Ca(H_2PO_4)_{2\,(s)} + 3H_2SO_{4(aq)} \rightarrow 3CaSO_{4(s)} + 6H_3PO_{4(aq)} \qquad 2.12$$

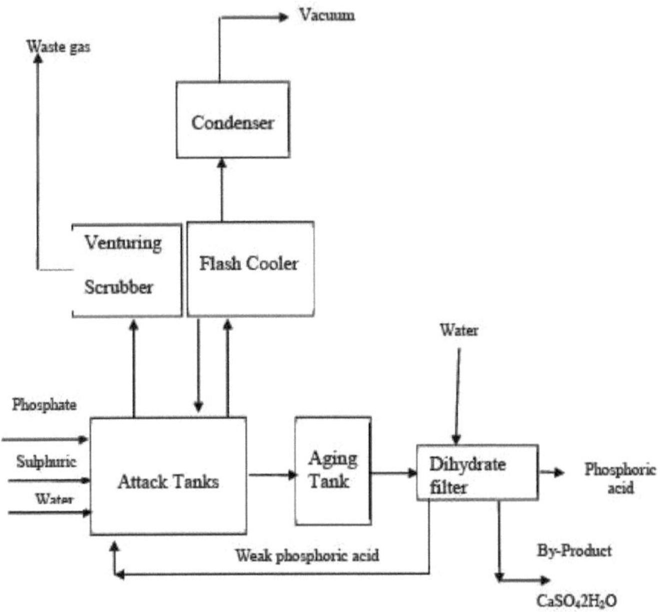

Figure 2.2 : Procédés de fabrication de l'acide phosphorique (David, 2016).

La figure 2.2 résume les procédés de fabrication industrielle de l'acide phosphorique.

L'acide orthophosphorique est extrait, réagit avec le gaz ammoniac pour produire les engrais inorganiques N -P que sont le DAP, le MAP et l'APP (David, 2016).

Les roches phosphatées courantes comprennent les calcaires et les mudstones illustrés dans les figures 2.3 et 2.4 ;

Figure 2.3 : Roches de phosphate (Leyshon, 1999)

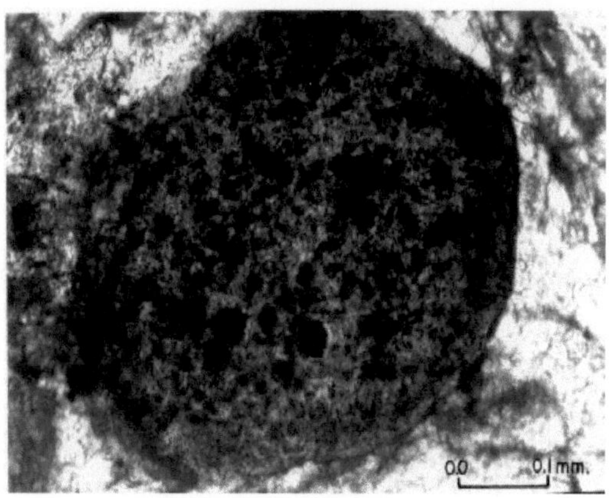

Figure 2.4 : Lits noirs de roches sédimentaires riches en phosphate (Prothero *et al.*, 2003)

2,5 Orthophosphates de calcium

Diverses études scientifiques sur l'apatite de calcium et l'orthophosphate de calcium touchent aux domaines de la géologie, de la chimie, de la biologie et de la médecine (Lide, 2005). L'anoine présente dans l'orthophosphate de calcium contient du calcium, du phosphore et de l'oxygène comme trois éléments chimiques majeurs. Leur abondance dans la lithosphère se situe parmi les vingt premiers éléments : oxygène (~47 % en masse), calcium (~3,3-3,4 % en masse) et phosphore (~0,08-0,12 %) en masse.

Les orthophosphates de calcium contiennent de l'hydrogène sous forme d'anion orthophosphate acide (HPO_4^{2-} ou H_2PO^{4-}) ; de l'hydroxyde [$Ca_{10}(PO_4)_6(OH)_2$] avec de l'eau de cristallisation sous forme de $CaHPO_4 \cdot 2H_2O$) (Legerog, 1991). Les formes combinées de CaO et P_2O_5 donnent lieu à divers phosphates de calcium qui se distinguent uniquement par la présence de (PO_4^{3-}), (PO^{3-}), ($P_2O_7^{4-}$) et [$(PO_3)n^{n-}$] (Legerog, 1991). En présence d'anions fortement chargés, les phosphates de calcium sont identifiés par les ions hydrogène attachés à l'anion, par exemple, [$Ca(H_2PO_4)_2$], ($CaHPO_4$), [$Ca_3(PO_4)_2$] et ($Ca_2P_2O_7$). Les coquilles d'œuf, les coques, les coquilles de mer, les coquilles d'escargot, les coquilles d'huître, les coquilles de seiche et les coraux contiennent des structures qui renferment des phosphates et des carbonates de calcium (Gergely *et al.*, 2010). Ils sont utilisés pour préparer du CaO pur qui est utilisé pour synthétiser les phosphates de calcium. Les os, les dents et les écailles de poisson des animaux sont des sources de phosphates de calcium naturels qui sont directement extraits par calcination. Les orthophosphates de calcium naturels sont principalement utilisés pour produire du phosphore blanc et rouge, de l'acide phosphorique et des engrais chimiques comme les superphosphates et les phosphates d'ammonium (Gergely *et al.*, 2010).

2.6 Composition des os

Les fibres de collagène et le minéral osseux inorganique constituent la majeure partie des structures cristallines de l'os.Les os trouvés à l'intérieur d'un être vivant contiennent entre 10 % et 20 % d'eau, 60-70 % de la masse sèche est constituée de minéral osseux et de petites quantités de protéines et de sels inorganiques. Le phosphate rocheux à différents âges a des activités chimiques différentes, c'est-à-dire qu'il est dur ou mou (Filippelli, 2011). Le phosphate osseux est plus réactif que les phosphates rocheux car le phosphate osseux possède un type de phosphore plus réactif. Les phosphates naturels contiennent naturellement des niveaux élevés d'éléments chimiques dangereux et d'autres impuretés (contaminants) qui pourraient poser des problèmes environnementaux lors de leur utilisation (Knox *et al.*, 2006) et (Sneddon *et al.*, 2006).

L'un des avantages du phosphate osseux par rapport au phosphate naturel est que le phosphate osseux présente de faibles niveaux d'impuretés chimiques nocives, car les os mettent moins de temps à mûrir. Les os manquent également de fluor, qui joue un rôle majeur dans la formation de l'apatite sédimentaire dans le phosphate naturel. En outre, les os ont un indice de solubilité logarithmique (ksp) plus élevé de 45,2, contre 57,0 pour le phosphate naturel et 48,0 pour le phosphate naturel enrichi (Coutand *et al.*, 2008). Les os présentent des concentrations élevées de phosphore dans la fraction soluble dans l'eau (505 mg/kg contre 307 mg/kg pour le phosphate traité et 22 mk/kg pour le phosphate minéral (Knox *et al.*, 2006).

Les déchets d'abattoirs sont transformés en farine d'os et servent donc de matière première pour la production de phosphore (Mondini *et al.*, 2008). Caynela *et al.*, 2009 ont rapporté que lorsque les sols agricoles sont traités avec de la farine d'os, il y a une augmentation de la minéralisation du carbone, de la disponibilité de l'azote, de la taille et de l'activité de la biomasse microbienne dans le sol.

2.7 Utilisations industrielles des os

Chaque constituant de l'os a une application, par exemple, la fabrication de boutons, de manches de couteau, les phosphates et la chaux sont des composants de la porcelaine, la graisse est travaillée par le savonnier et le marchand de sable, et la gélatine est une source de colle (Mondini *et al.*, 2008). En outre, la distillation à sec permet d'obtenir non seulement du charbon de bois, un précieux agent de purification, mais aussi de l'ammoniac et du goudron d'os (Mondini *et al.*, 2008).

La graisse est de couleur pâle et est utilisée en pharmacie pour la fabrication de pommades, et par le savonnier. Les copeaux et les raclures des os sont traités pour obtenir une gélatine de haute qualité, tandis que la farine fine des forets est utilisée dans les aliments pour volailles et chiens. Les pieds des moutons, des chevaux et des bovins (les sabots ayant été retirés) sont également traités séparément par le simple procédé de l'ébullition (Mondini *et al.*, 2008). Ces os donnent des huiles qui sont largement consommées dans la préparation du cuir. L'huile de pied de bœuf (uniquement l'huile des pieds des bovins), une fois séparée de la stéarine solide déposée, est utilisée comme lubrifiant dans les horloges et les fusils, étant appréciée en raison de sa faible température de solidification (Mondini *et al.*, 2008).

Les colles liquides, traitées avec des acides, tels que l'acide phosphorique, acétique ou nitrique restent liquides à froid, mais l'adhésivité n'est pas altérée. Gélatine traitée à l'acide chlorhydrique pour éliminer le phosphate de chaux (Mondini *et al.*, 2008). Les os spongieux sont choisis avec soin et bien nettoyés (Mondini *et al.*, 2008). Les os décalcifiés sont traités à l'eau chaude et à la vapeur ; la graisse étant écumée, la gélatine est obtenue par évaporation des liqueurs aqueuses. Parmi les autres applications de la gélatine, citons son utilisation pour les émulsions photographiques, le milieu de culture en bactériologie et son emploi comme pansement pour les tissus blancs, les soies et les chapeaux de paille (Mondini *et al.*, 2008).

Les os résiduels dégraissés et dégélatinés sont broyés en farine et utilisés comme engrais, précieux en raison de leur teneur en phosphate de chaux. Les os bruts sont rarement utilisés par l'agriculteur. Le plus souvent, les farines d'os sont transformées en superphosphates. Pour ce faire, les résidus osseux broyés sont traités avec suffisamment d'acide sulfurique pour transformer le phosphate tricalcique insoluble des os en phosphate mono-calcique plus soluble et plus facilement assimilable par les plantes (Mondini *et al.*, 2008).

Les os dissous fournissent de l'azote au sol sans qu'il soit nécessaire d'ajouter des sels ammoniacaux supplémentaires. L'expression est utilisée de manière générale pour les engrais superphosphatés fabriqués principalement à partir d'os. Le charbon animal, qui est obtenu comme résidu de la carbonisation des os dégraissés, comprend un gaz apte à l'éclairage et au chauffage, du goudron et des liqueurs ammoniacales aqueuses (Mondini *et al.*, 2008). Le goudron est redistillé, donnant un produit volatil qui se condense en huile d'os. Cette huile d'os, qui est un mélange de pyridine et de dérivés d'amines grasses à l'odeur très désagréable, n'a aucune utilité pratique, si ce n'est comme combustible pour les chaudières des usines. Les vernis noirs tels que le noir de Brunswick sont produits à partir des restes de goudron (Mondini *et al.*, 2008). L'ammoniac est récupéré par distillation à la vapeur sous forme de sulfate à partir de collecteurs d'acide sulfurique ; le produit est impur mais convient pour les engrais (Mondini *et al.*, 2008).

Le charbon de bois résiduel, qui est le produit le plus précieux de la carbonisation, est retiré des cornues dans des refroidisseurs en fer fermés, séché, broyé et calibré (Sayma et Sharba, 2019). Le charbon de bois d'os est utilisé comme moyen de décoloration et de raffinage dans l'industrie sucrière. Le charbon de bois en fine poussière est tamisé et utilisé dans la préparation des noirceurs et du noir d'ivoire. Dans le raffinage du sucre, le charbon est nécessaire de la taille d'une lentille à celle d'une noix ; il faut environ une tonne pour décolorer une tonne de sucre, mais le charbon peut être revivifié par lavage et rebrûlage pour une durée de vie d'environ deux ans (Sayma et Sharba, 2019). Lorsque le pouvoir décolorant est épuisé, le charbon usé est jeté par le fabricant de sucre, mais il trouve un marché prêt à l'emploi comme source de superphosphate ; ou il peut être calciné à l'air pour obtenir des cendres d'os.

Les cendres d'os, également obtenues en brûlant des os frais, sont composées de phosphate de calcium ; elles sont utilisées pour fabriquer des cupules pour le dosage, et constituent un constituant important de la pâte utilisée pour la porcelaine tendre anglaise. Les cendres d'os sont traitées avec de l'acide sulfurique et de l'acide phosphorique pour produire une alternative à la crème de tartre dans les poudres à lever (Sayma et Sharba, 2019). Le processus d'utilisation des os comme engrais a été découvert par Justus Von Liebig en 1840. Jusqu'à 80% du phosphore est perdu dans le cycle du phosphore qui implique la consommation alimentaire, l'application de phosphate sur les champs, la transformation des aliments et la consommation finale (Sayma et Sharba, 2019). Les résidus de cultures composites, les déchets alimentaires dans les décharges, le fumier, les excréments humains, la struvite et d'autres sources comme la farine d'os, les cendres et les algues, sont désormais utilisés comme source d'engrais phosphorés (Sayma et Sharba, 2019).

2.8 Fabrication d'acide phosphorique par extraction au solvant

La production de produits chimiques tels que les engrais, les savons, les détergents, les aliments et les boissons implique l'utilisation d'acide phosphorique (Qureshi *et al.*, 2012). Le phosphate naturel est la principale matière première de la production d'acide phosphorique. Il est mis en réaction avec différents acides minéraux tels que l'acide sulfurique, chlorhydrique ou nitrique, ou par combustion du phosphore produit par un procédé électrothermique (Muhammad *et al.*, 2012). La réaction avec l'acide sulfurique est la plus préférée. La réaction du phosphate naturel avec l'acide chlorhydrique donne un mélange d'acide phosphorique et d'impuretés comme $CaCl_2$, $FeCl_3$, $FeCl_2$, $AlCl_3$ et $MgCl_2$ (Muhammad *et al.*, 2012).

La séparation de l'acide phosphorique par décantation ou filtration des sels est difficile car ils sont très solubles rendant l'application de l'extraction par solvant efficace (Muhammad *et al.*, 2012). Lorsque le phosphate naturel est mis en réaction avec l'acide chlorhydrique, il est décomposé pour donner de l'acide phosphorique et des chlorures de calcium, de fer, de magnésium et d'aluminium comme impuretés " (Muhammad *et al.*, 2012).

Une extraction efficace de l'acide phosphorique brut (entre 41% - 65%) est obtenue avec l'utilisation d'alcool amylique à des ratios variables plus de petites quantités (Muhammad *et al.*, 2012). Au cours de ce processus, il se forme une phase de raffinat qui est recyclée en extrait frais. De l'eau distillée est ajoutée, ce qui permet de séparer la phase organique, puis l'acide phosphorique. L'acide phosphorique obtenu ayant 4,80 % P_2O_5 est concentré jusqu'à 50 % P_2O_5 en estimant le niveau d'impuretés qui sont séparées par post-précipitation (Muhammad, *et al.*, 2012). Ce processus est illustré à la figure 2.5 ;

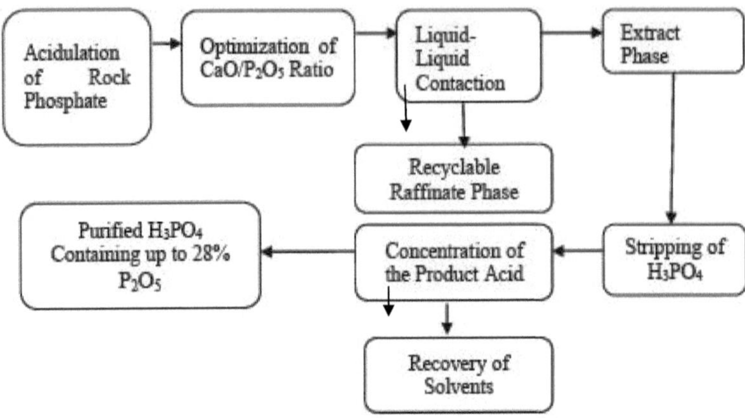

Figure 2.5 : Extraction par solvant de l'acide phosphorique (Muhammad *et al.*, 2012)

2.9 Sources d'azote

Les sources d'azote comprennent la fertilisation commerciale (64 %), la fixation électrique et biologique de l'azote$_2$ (3 %), les résidus de légumineuses et de cultures (21 %) et le fumier animal (12 %). Le processus de fixation de l'azote peut être réalisé de manière industrielle ou biologique. Le processus industriel convertit l'azote chimiquement inerte en un azote plus réactif qui peut se combiner avec d'autres éléments pour former des composés tels que l'ammoniac, les nitrates ou les nitrites (Considine, 1994).

La fixation biologique de l'azote$_2$ est la conversion, par voie biologique, de l'azote atmosphérique$_2$ en composés organiques contenant de l'azote, tels que l'ammoniac (Ball, 2007). La réaction de réduction de N_2 en NH_4^+ est médiée par l'enzyme nitrogénase, qui contient du Fe et du Mo. La fixation électrique de N_2 est mise en œuvre par la foudre. La foudre provoque la combinaison de l'azote et de l'oxygène de l'air sous forme de nitrate (NO_3^-). Le nitrate est soluble dans la pluie et tombe sur le sol (Ball, 2007).

La décomposition des résidus de culture fournit une autre source d'azote aux plantes. " La minéralisation et l'immobilisation sont deux processus d'azote dans lesquels les résidus de culture sont convertis en azote réutilisable " (Ball, 2007). Avec la nitrification, l'ammonium peut être continuellement converti en nitrate, qui est soluble et sera absorbé par la plante à travers l'eau. Le fumier animal contient une gamme riche et étendue de nutriments azotés tels que l'urée. Le fumier de volaille a la teneur en N la plus élevée (4 - 6 %), suivi du fumier de swing (3,5 - 4,5 %), du fumier laitier (2,3 - 3,0 %) et du fumier de bœuf (1,3 - 8 %). Les autres sources de N comprennent la décomposition humide, comme les pluies et le brouillard, et les dépôts secs, comme la poussière (Ball, 2007).

Les véhicules et les centrales électriques émettent de l'azote oxydé (NO_x) dans l'air, et l'ammoniac est volatilisé par l'agriculture (Ball, 2007). De nombreux composés azotés sont en suspension dans l'air. Parmi ces composés azotés, le nitrate (NO_3^-) peut tomber sur le sol lors de dépôts humides tels que la pluie et le brouillard, tandis que le dioxyde d'azote (NO_2), l'ammoniac (NH_4^+) et l'acide nitrique (HNO_3) tomberont sur le sol lors de dépôts secs (Ball, 2007).

La fixation biologique de l'azote implique seize équivalents de MgATP, comme le montre l'équation.

$$N_2 + 8H^+ + 8e^- + 16\,MgATP \rightarrow 2NH_3 + H_2 + 16MgADP + 16PO_4^{3-}$$

2.10 Procédés de production de l'ammoniac

L'azote est l'un des trois premiers éléments essentiels dont ont besoin les organismes vivants (Fryzuk et Samuel, 2000). Cependant, cette molécule omniprésente n'est pas facilement assimilée par tous les organismes vivants comme l'oxygène l'est. N_2 est incorporé dans les systèmes biologiques par le processus de fixation de l'azote. En 2003, Schrock et ses collègues ont rapporté le premier processus de production d'ammoniac par la réaction d'un métal de transition et de l'azote. L'utilisation d'un complexe molybdène - diazote contenant un ligand tétradentate triamide - monoamide a permis de produire de l'ammoniac à température ambiante et à la pression atmosphérique. La réaction catalytique n'était pas efficace mais a réalisé l'objectif à long terme de développer une réaction catalytique de production d'ammoniac (Nishibayashi Yoshiaki, 2018).

Trois procédés ont été mis au point pour utiliser la matière première très abondante qu'est le diazote (N_2) : le procédé à l'arc de Birkeland-Eyde (Greenwood et Earnshaw, 1984), illustré par l'équation 2.3, le procédé à la cyanamide de Frank-Caro (équation 2.4) et le procédé à l'arc de Birkeland-Eyde (Greenwood et Earnshaw, 1984).

$$2N_{2(g)} + 5O_{2(g)} + 2H_2O_{(l)} \xrightarrow{\text{electric arc furnace}} 4HNO_{3(l)} \qquad 2.3$$

$$CaC_{2(s)} + N_{2(g)} \xrightarrow{1000^\circ C} CaNCN_{(s)} + C_{(s)} \qquad 2.4$$

$$N_{2g} + 3H_{2(g)} \xrightarrow{Fe\ catalyst,\ 400^\circ C,\ \sim 200^\circ C} 2NH_{3(g)} \qquad 2.5$$

Et le procédé Haber-Bosch (équation 2.5), où les deux matières premières (hydrogène et azote) pour la réaction subissent un processus de purification où toutes les impuretés sont éliminées, puis passent dans le compresseur à une pression de 200 atm (ApplMax, 2005). Ce processus entraîne une augmentation de la température du mélange jusqu'à environ 300° C, une augmentation de l'énergie cinétique des particules, et une division des molécules d'azote et d'hydrogène.

Ce mélange est ensuite conduit vers un convertisseur dont la température est de 450° C et la pression de 200 atm (ApplMax, 2005). Le convertisseur contient des lits de fer chauds qui agissent comme des catalyseurs (ApplMax, 2005). Les deux gaz réagissent à la surface du catalyseur pour former de l'ammoniac. Le processus ne permet de convertir que 15 % des gaz constitutifs en ammoniac (ApplMax, 2005). L'azote, l'hydrogène et l'ammoniac sous forme de mélange sont évacués du convertisseur, refroidis, liquéfiés et l'ammoniac est collecté. Les points de fusion de l'azote et de l'hydrogène sont inférieurs à ceux de l'ammoniac, qui reste donc sous forme de gaz et est réacheminé vers le convertisseur (ApplMax, 2005). L'équation de la réaction est présentée dans l'équation 2.6 :

$$N_2 + 3H_2 \rightarrow 2NH_3 \quad \Delta H^\circ = -92.0\,Kjmol^{-1} \qquad 2.6$$

Ce processus de fixation chimique de l'azote nécessite des pressions et des températures très élevées, d'où la nécessité d'un équipement spécialisé, ce qui rend le processus très coûteux. Cela augmente les coûts d'investissement et de fonctionnement lors de la construction de l'usine. Les scientifiques s'efforcent de trouver des procédés plus efficaces pour remplacer le procédé Haber-Bosch, l'objectif principal étant de réduire l'apport énergétique dans la production d'ammoniac (ApplMax, 2005). Le procédé Haber (ApplMax, 2005) peut être résumé comme indiqué à la figure 2.6 ;

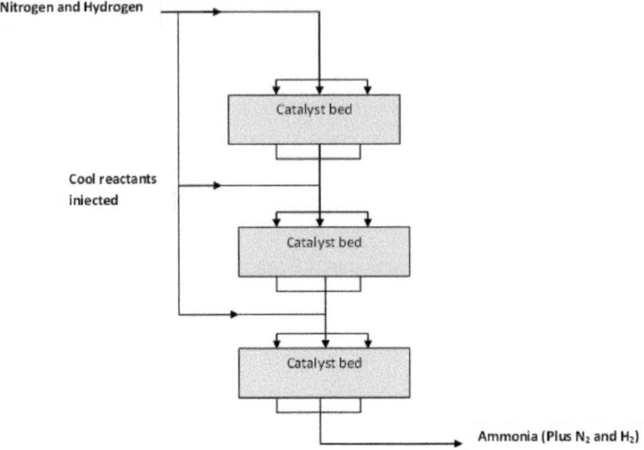

Figure 2.6 : Le procédé Haber (ApplMax, 2005)

Le gaz naturel, principalement le méthane, est la principale source d'hydrogène. Le méthane est converti en hydrogène en présence de vapeur et d'un catalyseur au nickel, dans lequel les molécules de carbone et d'hydrogène sont séparées (ApplMax, 2005). Les équations 2.7, 2.8 et 2.9 donnent un résumé de ces processus :

$$C_6H_{4(g)} + 6\,H_2O_{(l)} \xrightarrow{\text{Nickel,700°C}} 6CO_{(g)} + 13H_{2(g)} \qquad 2.7$$

$$CH_{4(g)} + H_2O_{(l)} \xrightarrow{\text{Nickel,700°C}} CO_{(g)} + 3H_{2(g)} \qquad 2.8$$

$$C_6H_{14(g)} + 3\,O_{2(g)} \xrightarrow{\text{Nickel,700°C}} 6CO_{(g)} + 7H_{2(g)} \qquad 2.9$$

3 Matériaux et méthodes

3.1 Introduction

Ce chapitre décrit les méthodes de recherche, les procédures, les matériaux, les produits chimiques ainsi que les procédures et instruments utilisés dans la préparation de l'engrais à base de phosphate diammonique (DAP). Il décrit également la caractérisation du phosphate diammonique synthétisé en termes de composition en pourcentage d'azote et de phosphore ainsi que les études d'efficacité dans la culture de tomates en serre.

3.2 Conception de la recherche

L'étude a été menée selon un processus en six étapes : (a) extraction de l'azote de l'air, (b) utilisation de l'azote extrait dans la préparation du nitrure de lithium qui a été hydrolysé pour obtenir de l'ammoniac et du LiOH, (c) fabrication et optimisation de la cellule électrolytique LiCl, (d) extraction du phosphate des os d'animaux dans l'acide phosphorique pour produire un acide enrichi en phosphate d'os pour la production d'engrais de phosphate diammonique, (e) réaction de l'acide phosphorique enrichi en phosphate d'os avec l'ammoniac pour former du DAP et (f) évaluation de l'efficacité du DAP dans la culture de tomates dans une serre.

3.3 Produits chimiques et réactifs

Tous les produits chimiques et réactifs utilisés étaient de qualité réactif analytique, sauf indication contraire. Toutes les solutions ont été préparées dans des flacons volumétriques en utilisant de l'eau désionisée. Tous les produits chimiques et les réactifs ont été achetés auprès de Kobian Kenya Limited, Nairobi et utilisés tels quels. L'air comprimé dans des cylindres de 34 kg a été acheté chez BOC Kenya, Nairobi. La qualité de l'air comprimé était en référence à la norme ISO 8573.1:2010 Classe 2 (la norme ISO 8573.1:2010 fournit des informations générales sur les contaminants dans les systèmes d'air comprimé ainsi que des liens vers les autres parties de la norme ISO 8573, soit pour la mesure de la pureté de l'air comprimé, soit pour la spécification des exigences de pureté de l'air comprimé).

3.4 Instrumentation

Toutes les pesées de solides ont été effectuées sur une balance électronique analytique (modèle, AAA, Adam Equipment Co. Ltd, Grande-Bretagne) tandis que les mesures des échantillons liquides ont été effectuées à l'aide de cylindres gradués. Le débit d'air pendant l'extraction de l'azote de l'air a été mesuré à l'aide d'un débitmètre d'air tandis que la température a été mesurée à l'aide d'un thermocouple de poche, Probe M (Portugal). L'extraction du phosphore des os a été effectuée dans un réacteur en verre. De l'eau savonneuse a été utilisée pour laver toute la verrerie, rincée avec de l'eau désionisée et placée dans le four à 110° C pour le séchage. Les spectres ultraviolets - visibles ont été enregistrés sur un spectrophotomètre UV - visible CECIL CE 2041, Angleterre. L'eau a été désionisée à l'aide de la cartouche du désioniseur Elgastal Micrimeg, modèle WSB/4, Angleterre.

3.5 Collecte et prétraitement des os

Les os ont été collectés sur la décharge municipale de Kachok, dans le district de Kisumu West, au Kenya. Ils ont été lavés à l'eau courante du robinet, rincés à l'eau désionisée et séchés dans un four à température contrôlée (WTC binder, 150533, Allemagne) à 110° C pendant douze heures. Ils ont été réduits en taille à l'aide d'un marteau au laboratoire de recherche en physico-chimie de l'Université Kenyatta et broyés à l'aide d'une meuleuse aux laboratoires de géologie et des mines, au Kenya, afin d'améliorer la vitesse de digestion dans l'acide phosphorique.

Figure 3.1 : Os réduits à une petite taille

3.6 Séparation de N_2 de l'air et sa réaction avec le lithium

L'azote a été obtenu à partir d'air comprimé commercial grâce au montage présenté à la figure 3.2. On a fait barboter l'air comprimé dans une solution concentrée de NaOH pour éliminer le CO_2 . L'air exempt de CO_2 - est passé dans une colonne de P_2 O_5 sur des pierres ponces pour éliminer toute humidité dans l'air.

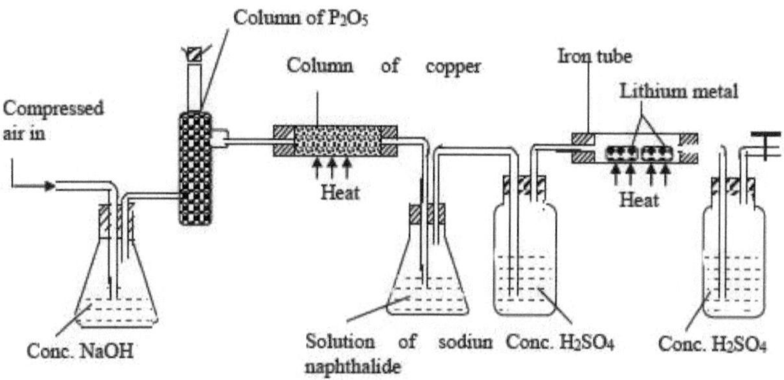

Figure 3.2 : Extraction de l'azote de l'air comprimé et préparation du nitrure de lithium

L'air sec, exempt de CO_2 - est passé à travers une colonne chauffée de copeaux de cuivre pour éliminer l'oxygène. L'air chaud, sec, exempt de CO_2 - et de O_2 - sortant de la colonne de limaille de cuivre a été mis à barboter à travers une solution de naphtalide de sodium, puis séché par barbotage à travers une solution H_2 SO_4 conc. avant d'être introduit dans le récipient contenant le lithium métallique pour la production de nitrure de lithium. L'appareillage pour le chauffage de la colonne de limaille de cuivre se composait d'un *Jiko* tapissé d'argile pouvant contenir environ 5,0 kg de charbon de bois, d'une colonne de verre de 36 mm de diamètre et de 43,5 cm de long remplie d'environ 850 g de limaille de cuivre et fermée à chaque extrémité par un bouchon d'argile vermiculite. Le *Jiko* a été rempli d'environ 1 kg de charbon de bois et allumé. La température a été augmentée en soufflant de l'air par le trou d'aération. L'ensemble a été rincé avec un courant lent d'hydrogène gazeux pour réduire les oxydes de cuivre éventuellement présents dans la limaille de cuivre chauffée, jusqu'à ce que la température du récipient atteigne 400° C.

Lorsque la température était d'environ 400° C (mesurée à l'aide d'un thermocouple de poche, la sonde M), l'hydrogène gazeux a été fermé et remplacé par de l'air comprimé provenant d'une bouteille à un taux de 290 ml/sec mesuré à l'aide d'un débitmètre d'air et contrôlé par le régulateur pendant cinq minutes. On a ensuite laissé l'azote sec de l'air pénétrer dans la chambre de réaction contenant du lithium métal dans deux bateaux en acier inoxydable. La température externe du tube de réaction a été obtenue à l'aide d'un thermocouple placé entre le tube et la source de chaleur. La cuve la plus proche du point d'entrée de l'azote gazeux contenait 3,0 g de lithium et servait de protection finale contre l'oxygène et la vapeur d'eau tandis que la seconde cuve contenait les 20,0 g de lithium nécessaires à la préparation du nitrure de lithium. Les températures du lithium chauffé dans les deux bateaux en acier inoxydable ont été maintenues à 250° C (à l'aide d'une plaque chauffante) et chaque expérience a duré en moyenne cinq minutes. Après l'expérience, la plaque chauffante a été retirée et de l'azote gazeux est passé en continu pour permettre au nitrure de lithium formé de refroidir sous atmosphère inerte. Le bateau contenant le solide brun rougeâtre formé a été retiré et l'échantillon a été transféré dans un flacon à fond plat où l'hydrolyse devait avoir lieu. Cette procédure a été répétée jusqu'à ce que tout le lithium préparé ait été utilisé.

La masse d'azote séparée a été estimée à partir du volume connu d'air passé sur les granulés de cuivre chauffés et de la masse d'oxyde de cuivre formée. La quantité d'oxygène éliminée par le cuivre chauffé a été calculée comme la différence entre la masse de l'oxyde de cuivre refroidi formé et la masse initiale des granulés de cuivre. On a laissé l'air circuler pendant cinq minutes, puis on l'a arrêté et on a fait passer un agent réducteur (hydrogène) sur le mélange oxyde de cuivre/ cuivre chaud pour régénérer le cuivre qui avait été oxydé. La quantité d'énergie thermique utilisée pour la séparation de l'air a été calculée à l'aide de l'équation suivante de la série de *Fourier* (Mills, 1995)

$$q = \left\{ \frac{4\pi k(T_1 - T_0)}{\left[\frac{1}{r_1} - \frac{1}{r_0}\right]} \right\}$$

Où,

q = quantité de chaleur transférée
T₁ = température à l'intérieur de la colonne
T₀ = température à l'extérieur de la colonne = constante (conductivité thermique de la colonne)
r₁ = rayon intérieur de la colonne
r₀ = rayon extérieur de la colonne
k = conductivité thermique

3.7 L'installation d'électrolyse et la pré-électrolyse

La cellule d'électrolyse est composée de trois chambres, à savoir la cellule électrolytique (4595 cm^3 en volume), un compartiment séparateur (2486 cm^3) et un compartiment tampon (994,78 cm^3), fabriqués dans l'atelier d'ingénierie de l'Université Kenyatta à partir de feuilles d'acier inoxydable, comme décrit par Jean-Michel Verdier *et al.* (1986). Les détails de la fabrication sont donnés dans l'*annexe 8*. La cellule électrolytique était constituée d'un boîtier en acier inoxydable équipé d'une seule paire anode/cathode. La cathode était une tôle cylindrique perforée en acier inoxydable soudée au fond de la cellule. Les perforations permettaient la circulation du milieu électrolytique à l'intérieur de l'électrolyseur. La hauteur était telle que l'électrode d'extrémité supérieure restait continuellement sous la surface de l'électrolyte (lorsque la cellule est en fonctionnement). L'anode était une tige de graphite cylindrique placée à l'intérieur de la cathode mais ne touchant pas le fond de la cellule. Elle était protégée des attaques de Cl_2 par une gaine d'alumine sur la surface s'étendant au-dessus du milieu électrolytique et légèrement en dessous de la surface du milieu (lorsque la cellule est en fonctionnement). L'électrode en graphite a été maintenue sur le cylindre de tête de la cellule à l'aide d'une pâte d'oxyde d'aluminium/ciment/argile à haute température.

La température de la cellule a été contrôlée par une sonde thermocouple dans une gaine en acier inoxydable située à 2 cm au-dessus du fond de la cellule électrochimique. Du scotch a été enroulé autour du boîtier de la cellule électrochimique avant l'enroulement du fil nichrome chauffant afin d'éviter tout court-circuit éventuel. Une couche d'isolation flexible composée d'argile et d'oxyde d'aluminium a également été enroulée autour de la cellule. La température de la cellule a été portée de la température ambiante à 450° C à la vitesse de 10° C/ min et enregistrée par le thermocouple. La sortie du gaz a été plongée dans une solution d'hydroxyde de sodium concentré pour éliminer le gaz résultant de l'électrolyse.

La concentration de l'électrolyte a été maintenue à 58 % molaire du mélange LiCl- 42 % molaire du KCl par l'addition de chlorure de lithium appauvri par le récipient tampon. L'électrode en graphite a été maintenue dans le cylindre de la tête de la cellule à l'aide d'une pâte d'oxyde d'aluminium/ciment/argile à haute température. Les connexions électriques ont été réalisées à l'aide de pinces crocodiles serties sur les électrodes et connectées à la batterie qui a été chargée à l'aide d'un système d'énergie solaire/éolienne décrit ci-dessous. Une pré-électrolyse a d'abord été réalisée pour tester l'influence de la tension appliquée sur l'efficacité du courant de la cellule. Des quantités prédéterminées de chlorure de lithium et de chlorure de potassium ont été pesées et placées dans la cellule, puis scellées. La cellule a été maintenue sous un flux continu d'argon pendant la période de pré-électrolyse. La cellule a été connectée à la source d'alimentation de la batterie où la tension a été programmée pour varier de 1,2 V - 2,7 V. Puis la fusion a commencé en élevant la température à 456° C. La tension appliquée qui a été utilisée dans le processus principal d'électrolyse a été déterminée et enregistrée.

3.7.1 La pompe

Celle-ci était utilisée pour faire circuler l'électrolyte fondu pendant l'électrolyse. Son moteur était équipé d'un système d'engrenage pour réduire la vitesse de 1500 tours à 750 tours par minute et disposait d'un système de verrouillage inverse.

3.7.2 Le séparateur

Il s'agissait d'un compartiment de décantation cylindrique équipé d'une sortie pour évacuer la phase supérieure légère (le lithium métal) par débordement et d'une sortie pour évacuer la phase inférieure dense qui est le mélange de sels fondus pour le recyclage, vers le tampon. Il était constitué d'un cylindre en acier inoxydable mesurant 50 cm (hauteur) x 25 cm (diamètre) et d'un tuyau de 0,75 cm qui servait d'entrée pour le retrait du lithium de la cellule principale pendant l'électrolyse. À l'intérieur du cylindre était insérée une fine feuille circulaire qui servirait de séparateur pour la phase légère et plus dense de l'électrolyte.

3.7.3 Le tampon

Ce compartiment cylindrique était utilisé pour remplacer la quantité de LiCl dans l'électrolyte qui était consommée à la suite de l'électrolyse. Le récipient tampon a été fabriqué à partir d'une tôle cylindrique en acier inoxydable mesurant 25 cm (hauteur) x 20 cm (diamètre) et d'un tuyau de 0,75" de diamètre provenant du séparateur et d'un autre tuyau qui serait utilisé pour alimenter l'électrolyte épuisé.

3.7.4 La batterie

Un système hybride éolien-solaire a été connecté à une batterie de stockage de type N100 fabriquée par Associated Battery Manufacturers (ABM), Kenya. Les tensions de sortie du système solaire PV, du système éolien et de la batterie de stockage sont passées par des unités individuelles CC/CA et CA/CC, ont été intégrées du côté CC et ont divergé vers un seul onduleur CC/CA qui a servi d'interface entre les sources d'énergie et le réseau pour fournir la puissance souhaitée. Il avait une capacité de stockage de 200 Ah qui était utilisée comme moyen de stockage et comme stabilisateur de tension. La batterie avait une tension de 12V et un courant de 3,54A.

3.8 Electrolyse d'un mélange fondu de KCl - LiCl

L'énergie pour l'électrolyse a été tirée d'une batterie de stockage, type N100 (Associated Battery Manufacturers, Kenya) chargée en continu par un système hybride éolien-solaire. Elle avait une capacité de stockage de 200 Ah, une sortie de 12V et un courant de 3,54A.

Le chlorure de lithium, LiCl (3859 g) et KCl (3150 g) ont été séchés séparément à 480° C dans un four jusqu'à obtenir un poids constant. Ils ont été mélangés dans l'étuve et transférés dans la cellule d'électrolyse. La température de la cellule a été portée à 450° C, température à laquelle l'électrolyse du mélange fondu a lieu. La mesure des températures des sels fondus a été effectuée à l'aide d'un thermocouple de type R placé dans une gaine d'alumine immergée dans le sel fondu.

L'électrolyse a été réalisée en continu pendant cinq jours et la masse de lithium recueillie par la méthode de débordement du séparateur à une moyenne de 23,02 g dans le flacon récepteur qui a été maintenu sous un flux continu de gaz argon. Le séparateur a été chauffé en deux points pour maintenir la même température que celle de l'électrolyte. Le LiCl appauvri a été ajouté par une disposition au niveau du récipient tampon. La quantité de lithium appauvri a été calculée en utilisant l'équation :

$$\text{Number of moles of electrons transferred} = \frac{It}{F} \qquad 3.1$$

Où,

I = courant,
t = temps,
F = Constante de Faraday = 96485C/mol.

Les aspects quantitatifs de l'électrolyse développés par Faraday, (1907), Strong, (1961) et Ehl, (1954), sont résumés dans les équations ci-dessous.

La réaction de l'anode comprend : $Cl^- \rightarrow Cl_2 + 2e^-$ $\qquad$ 3.2

La réaction de la cathode comprend : $Li^+ + e^- \rightarrow Li$ $\qquad$ 3.3

La réaction globale : $\mathbf{2LiCl} \rightarrow 2Li + Cl_2$ $\qquad$ 3.4

La masse de lithium déposée a été calculée en utilisant l'équation ;

$$\frac{Q}{F} \times \frac{M}{Z} \frac{(3.54 \times 3600)}{96485} \times \frac{6.947}{1} \qquad 3.5$$

Où

Q = charge ; F = constante de Faradays ; M = RMM du lithium métal et Z = nombre d'électrons.

La charge totale, Q, qui traverse une cellule électrolytique peut être exprimée comme le courant *It* ou *nF*. Ces équations ont été utilisées pour déterminer la quantité de matériaux utilisés ou générés pendant l'électrolyse, le temps de réaction et le courant.

3.9 Préparation de solutions standard (solutions mères)

3.9.1 Solution de phosphate

Le dihydrogénophosphate de potassium (0,2198 g) a été pesé avec précision et transféré dans une fiole jaugée de 1000 ml. Il a été dissous dans de l'eau désionisée et le volume a été porté à 1000 ml. Les solutions de phosphate de travail de différentes concentrations ont été préparées par dilution en série de la solution mère (Skoog, (2004).

3.9.2 Solution de molybdate d'ammonium

De l'eau chaude (100 ml) a été utilisée pour dissoudre le molybdate d'ammonium (1,708 g), refroidie et transférée dans une fiole jaugée de 250 ml et diluée jusqu'au trait avec de l'eau déminéralisée, 50 ml de ce réactif de molybdate d'ammonium ont été transférés à nouveau dans une fiole jaugée de 100 ml et dilués jusqu'au trait avec de l'eau distillée (Skoog, (2004).

3.9.3 Solution d'acide sulfurique molaire

Une solution concentrée d'acide sulfurique (280 ml, gravité spécifique = 1,84 g/l) a été diluée à 1000 ml dans une fiole jaugée de 1000 ml. Elle a été utilisée pour précipiter le Ca^{2+} des os digérés.

3.9.4 Solution de sulfate d'hydrazine

Le sulfate d'hydrazine (1,5 g) a été pesé avec précision et dissous avec de l'eau distillée dans un bécher propre, puis transféré dans une fiole volumétrique de 1000 ml et complété jusqu'à la marque calibrée. Il a été utilisé pour tester les phosphates dans les échantillons de sol et d'engrais (Skoog, (2004).

3.9.5 Préparation des normes relatives au phosphore

Une solution mère de phosphate standard a été préparée en mesurant 0,2198 g de di -

hydrogénophosphate de potassium comme souligné par Skoog, (2004) et dissoute dans 1000

ml d'eau distillée. Les volumes de 1 ml, 2 ml, 3 ml, 4 ml, 5 ml, 6 ml, 7 ml et 8 ml ont été

transférés de la solution mère dans des fioles jaugées de 100 ml et dilués jusqu'au trait avec de

l'eau désionisée. 25 ml de chaque solution ont été transférés dans des fioles jaugées de 50 ml, 5

ml de solution de molybdate ont été ajoutés, suivis de 2,0 ml de sulfate d'hydrazinium et dilués

jusqu'à la marque (Skoog, (2004). Les flacons ont ensuite été immergés dans un bain d'eau

bouillante pendant trente minutes, puis retirés et immergés dans de la glace pendant vingt

minutes afin de refroidir rapidement (Skoog, (2004)). Les volumes ont été ajustés au trait avec

de l'eau désionisée et les absorbances ont été mesurées à l'aide d'un spectrophotomètre U.V. à

une longueur d'onde de 830 nm par rapport au blanc. Une courbe d'étalonnage a été tracée et

l'équation utilisée pour calculer la concentration de phosphate dans les solutions.

3.10 Extraction de phosphate osseux

Cela a été fait en suivant la procédure mise en évidence dans l'article Fabrication d'acide phosphorique à partir d'apatite hydroxyle contenue dans les cendres de viande incinérée - cendres d'os par Kinga Krupa - Zuczek *et al.* 2008. Le processus d'évaluation de la plus faible concentration d'acide phosphorique pour la dissolution totale des os a été réalisé en faisant varier les concentrations de 0,1 M, 0,2 M, 0,25 M, 0,275 M et 0,3 M. Les concentrations ont été exposées chacune à 10 g d'os à 75° C et agitées pendant deux heures. Les concentrés ont été filtrés, les os n'ayant pas réagi ont été rincés à l'eau désionisée et séchés en les pressant entre deux papiers filtres. Le filtrat a été mis en réaction avec de l'acide 6 M H_2SO_4 pour précipiter le Ca^{2+} . Il a été filtré et la concentration d'acide dans le filtrat a été déterminée par titrage inverse. Le % de P dans le filtrat a été déterminé et les résultats enregistrés dans le tableau 4.3. Les résultats ont permis de déterminer que la plus faible concentration d'acide phosphorique pour dissoudre complètement les os était de 0,275 M. Par conséquent, des volumes de 10 000 ml d'acide phosphorique 0,275 M ont été utilisés pour dissoudre 10 kg d'os dans des récipients en plastique pendant une période de sept jours. Une barre d'agitation a été utilisée pour remuer les solutions toutes les vingt-quatre heures afin de s'assurer que tous les os étaient dissous. Les températures du laboratoire ont varié entre 21 et 25° C pendant cette période d'expérience. Dix récipients en plastique de vingt litres ont été utilisés pour la dissolution des os et des mesures répétées ont été effectuées pendant une période de deux mois pour dissoudre environ 130 kg d'os et confirmer les données de solubilité. Le mélange résultant a été filtré et stocké. 5,0 ml de l'échantillon ont été mesurés et dissous dans 50 ml d'eau désionisée chacun. La solution a ensuite été transférée dans trois fioles jaugées de 100 ml chacune et diluée jusqu'à la marque avec de l'eau désionisée (Amponsah *et al.*, (2014). Une solution de chaque échantillon (1,0 ml) a été transférée dans une fiole jaugée de 25 ml, suivie de 2 ml de molybdate d'ammonium à 2,5 % et de 0,5 ml de solutions d'acide sulfurique 1 M. Le mélange a été agité avant d'ajouter 1,5 ml de solution de molybdate d'ammonium. Le mélange a été agité avant d'ajouter 1,0 ml de solution d'hydrate d'hydrazine 0,5 M et le volume a été complété à la marque avec de l'eau désionisée (Amponsah *et al*, (2014). La couleur s'est entièrement développée lorsque la solution a été laissée au repos pendant 45 minutes. L'absorbance a été mesurée à une longueur d'onde de 830 nm (Amponsah *et al.*, (2014). Une courbe d'étalonnage (Figure 4.1) pour les solutions standard de phosphate a été utilisée pour calculer la concentration de phosphate dans l'acide phosphorique amélioré. Les valeurs obtenues pour PO_4^{3-} ont été converties en phosphore total en les multipliant par 0,3261 et les valeurs ont été converties en P_2O_5 en les multipliant par 2,2915. Les résultats ont été enregistrés dans le tableau 4.6.

3.11 Synthèse du phosphate diammonique

Une quantité moyenne (156,09 g) de nitrure de lithium a été broyée dans un mortier et placée dans un ballon à fond plat auquel a été fixée une ampoule à décanter. 150 ml d'eau désionisée ont été ajoutés au ballon à fond plat à travers l'ampoule à décanter pour initier l'hydrolyse. Le gaz ammoniac produit est passé par un tube d'alimentation dans un bécher contenant 200 ml de 4,58 M H_3PO_4 extrait d'os comme décrit dans la section 3.10. Cette expérience a été répétée huit fois pour permettre l'utilisation de tout le nitrure de lithium solide qui avait été préparé. Le bécher contenant l'acide phosphorique 4,58 M (200 ml) a été immergé dans un bassin contenant de la glace car la réaction était fortement exothermique. La température la plus élevée enregistrée pendant la réaction était de 95° C mais les cristaux se sont formés à 51° C. Les cristaux formés ont été filtrés à travers un papier filtre Whatman No 1, séchés à l'air libre à température ambiante pendant sept jours et pesés. Un total de 3170,60 g des cristaux formés a été analysé pour la composition en pourcentage du phosphore par spectrophotométrie comme décrit ci-dessous.

3.11.1 Caractérisation d'un engrais à base de phosphate diammonique

Détermination du phosphore dans l'engrais

L'échantillon d'engrais synthétisé (5,0 g) a été pesé et dissous dans 50 ml d'eau désionisée. La solution a ensuite été filtrée à travers un papier filtre Whatmann-41 et le filtrat a été transféré dans une fiole jaugée de 100 ml et dilué jusqu'à la marque avec de l'eau désionisée (Amponsah *et al.*, (2014). Une solution d'échantillon (1,0 ml) a été transférée dans une fiole jaugée de 25 ml, suivie de 2 ml de molybdate d'ammonium à 2,5 % et de 0,5 ml de solution d'acide sulfurique 1 M (Amponsah *et al.*, (2014). Le mélange a été agité avant d'ajouter 1,0 ml de solution d'hydrate d'hydrazine 0,5 M et le volume complété à la marque avec de l'eau déionisée. La solution a été laissée reposer pendant environ 45 minutes pour un développement maximal de la couleur" (Amponsah *et al.*, (2014). " L'absorbance a été prise à une longueur d'onde de 830 nm. De même, les valeurs d'absorbance des échantillons d'engrais ont été mesurées et les concentrations correspondantes de phosphore ont été obtenues en utilisant l'équation de la courbe d'étalonnage (Amponsah *et al.*, (2014). La procédure a été reproduite pour l'engrais commercial. À partir de la concentration de phosphore déterminée expérimentalement, le pourcentage de P_2O_5 dans l'engrais a été calculé à partir de l'équation :

$$\%P_2O_5 = Conc\ of\ P(g/l) \times \frac{100l}{g\ of\ fertilizer} \times 10^{-6}\ g/mg \times M_r of \frac{P_2O_5}{2g}.at.wt.P$$

Où g. of fert = poids de l'engrais mesuré

M_r de P_2O_5 = Poids moléculaire du pentoxyde de phosphore

g. at. wt. of P = gramme de poids atomique du phosphore

Trois déterminations répétées ont été obtenues pour chaque engrais différent. La comparaison entre la valeur du pourcentage de P_2O_5 et celle de l'engrais commercial a été faite.

Détermination de l'azote dans l'engrais

L'azote contenu dans les échantillons d'engrais a été déterminé par la méthode Kjeldahl. Une masse de 1,0 g de l'engrais de phosphate diammonique préparé a été pesée et transférée dans un ballon de digestion à deux cols, puis réglée pour la distillation. Un flacon récepteur contenant 25,0 ml de solution d'acide borique à 4 % a été fixé à l'unité de distillation. Environ 50,0 cm^3 de solution de NaOH (40%) ont été ajoutés à l'engrais dans le flacon pour initier le dégagement d'ammoniac qui a été absorbé par l'acide borique dans le flacon récepteur. La distillation a duré 20 minutes, après quoi le flacon récepteur a été retiré ; 5 gouttes de solution d'indicateur rouge de méthyle tamisée ont été ajoutées au flacon récepteur de distillat et titrées avec de l'acide sulfurique 0,05 M jusqu'à un point final gris. La procédure a été répétée trois fois et la moyenne des résultats a été calculée. Deux titrages à blanc ont été effectués et la valeur moyenne du blanc a été utilisée pour les calculs ultérieurs. La teneur en azote (W_N), en milligrammes par gramme, a été calculée à l'aide de la formule :

$$\frac{(V_1 - V_0) \times [H^+] \times M_N \times 100}{(m \times m_t)} = W_N \text{ Où,}$$

V_1 = le volume, en ml, de l'acide sulfurique utilisé dans le titrage de l'échantillon

V_0 = le volume, en ml, de l'acide sulfurique utilisé pour le titrage de l'essai à blanc

$[H^+]$ = la concentration de H^+ dans l'acide sulfurique en moles par litre (par exemple, si l'on utilise de l'acide sulfurique 0,01 mol/l, $[H^+]$ = 0,01 mol/l)

M_N = la masse molaire de l'azote, en grammes par mole (=14)

m = la masse de l'échantillon d'essai

m_t = le résidu sec, exprimé en g / 100g sur la base du matériau séché au four selon la norme du matériau spécial.

Détermination de l'humidité dans l'engrais

La teneur en humidité de l'engrais préparé a été déterminée par gravimétrie (Masayoshi Koshino, 1998). Environ 50 g de l'échantillon ont été transférés dans un plat de pesée et d'abord séchés dans un dessiccateur pendant vingt-quatre heures pour obtenir une masse constante avant de les soumettre à la température du four. On pense que l'échantillon "ramperait" s'il était séché rapidement, ce qui entraînerait des résultats inexacts (Masayoshi Koshino, 1998). L'échantillon a ensuite été placé dans un four réglé à 110° C pendant cinq heures et séché jusqu'à obtenir une masse constante. Il a ensuite été transféré dans un dessiccateur pour refroidissement. Cinq répétitions ont été effectuées selon la même procédure. Le pourcentage d'humidité a été calculé à l'aide de l'équation suivante $\frac{(\text{Mass of initial sample} - \text{Mass of dried sample})}{\text{Mass of initial sample}} \times 100$

3.12 Évaluation de l'efficacité du phosphate diammonique

L'efficacité de l'engrais de phosphate diammonique préparé en laboratoire a été évaluée en cultivant des tomates en serre avec l'engrais obtenu commercialement comme contrôle positif.

3.12.1 Le lit de semence

Un site de semis de pépinière de 1 m x 1 m a été préparé sous un arbre dont le sol a été pulvérisé et tamisé. Les graines ont été mélangées à du sable dans un rapport volumique de un pour un et semées dans des sillons peu profonds dans des lits de semis surélevés de 15 cm de profondeur. Les graines de tomates étant minuscules et difficiles à manipuler, des précautions ont été prises pour éviter de se retrouver avec un tas de graines sur la parcelle de semis. L'empilement des graines pouvait également entraîner une réduction des taux de germination et une augmentation du temps consacré à l'éclaircissage. Par conséquent, le mélange des graines avec du sable a permis de répartir les graines, ce qui a réduit le risque de laisser tomber de nombreuses graines en un seul endroit. Il était difficile d'estimer l'étendue de la terre à quatre fois la taille de la graine, d'où la nécessité de mélanger les graines avec du sable pour obtenir une fine couverture afin d'éviter que les graines ne sèchent immédiatement et qu'elles ne soient enterrées si profondément qu'elles mourraient avant d'émerger de leur couverture de terre. Le lit a été recouvert de feuilles sèches pour réduire la perte d'humidité et l'effet d'éclaboussure pendant l'arrosage. L'arrosage a été effectué deux fois par jour, tôt le matin et le soir. Deux semaines après la germination, l'espacement a été effectué par éclaircissement pour éviter l'affaiblissement des plantules. Les semis ont ensuite été transplantés dans la serre après quatre semaines.

3.12.2 La serre

La serre de 6 m x 10 m (Fig. 3.3) qui a été utilisée pendant l'étude a été construite au Centre de technologie appropriée de l'Université Kenyatta.

Figure 3.3 : Serre

Test quantitatif pour le phosphore des sols de la serre

La surface des parcelles de la serre a d'abord été débarrassée de la litière. Une bêche a été utilisée pour prélever de la terre dans chacune des trois parcelles (au milieu de chaque parcelle) jusqu'à une profondeur de 25 cm. Les échantillons ont ensuite été soigneusement mélangés avec la bêche, séchés à l'air libre pendant 3 jours et tamisés. Une partie du sol séché (2,0 g) a été pesée avec précision et transférée dans une fiole conique de 250 ml, suivie de 60 ml d'*eau régale*. Le mélange a été agité dans un agitateur mécanique pendant 30 min et laissé au repos pendant 6 h 30 min. Le mélange a ensuite été filtré à l'aide du papier filtre Whatman n°41 (Amponsah *et al*, (2014).

Environ 15 ml du filtrat ont été transférés dans une fiole jaugée de 25 ml suivis de 3 ml de molybdate d'ammonium et de 2 ml de sulfate d'hydrazine et le mélange a été porté au trait avec de l'eau distillée (Amponsah *et al*, (2014). Le mélange a ensuite été maintenu dans un bain-marie pendant 30 min (Amponsah *et al.*, (2014). L'intensité de la couleur bleue observée a été mesurée par spectrophotométrie sur un spectrophotomètre UV/Vis (Oladeji *et al.*, 2016 ; Fummilayalo et Oladeji, 2016). La quantité de phosphore disponible (PO_4^{3-}) dans le sol s'est avérée être de 198 ppm.

Détermination quantitative de l'azote total dans les sols

Un échantillon de sol (0,2 g) a été séché et broyé puis transféré dans le flacon de digestion, suivi de 10 ml d'acide sulfurique et d'une agitation jusqu'à ce que l'acide soit bien mélangé à l'échantillon. Le mélange a été laissé reposer et refroidir à température ambiante ; 2,5 g du mélange de catalyseurs (obtenu en mélangeant et en broyant soigneusement 200 g de sulfate de potassium, 20 g de sulfate de cuivre pentahydraté et 20 g de dioxyde de titane) ont été ajoutés au mélange et chauffés jusqu'à ce que le mélange de digestion devienne clair. Le mélange a ensuite été porté à ébullition douce pendant un maximum de 5 heures pour permettre à l'acide sulfurique de se condenser à environ ⅓ du chemin jusqu'au col de la fiole.

On laisse refroidir le ballon, puis on ajoute lentement 20 ml d'eau désionisée tout en agitant. Le ballon est agité pour mettre en suspension toute matière insoluble et le contenu est transféré dans l'appareil de distillation. Le ballon a été rincé trois fois avec de l'eau désionisée pour compléter le transfert. L'acide borique (5,0 ml) est transféré dans un ballon conique de 200 ml qui est ensuite placé sous le condenseur de l'appareil de distillation de manière à ce que l'extrémité du condenseur plonge dans la solution. Une solution d'hydroxyde de sodium (20 ml) a été ajoutée lentement dans la chambre de distillation. Environ 100 ml de condensat ont été distillés et recueillis. Les trois gouttes d'indicateur mélangé ont été ajoutées au distillat qui a ensuite été titré contre de l'acide sulfurique 0,5 M jusqu'à un point final violet. Les moyennes sont le résultat de quatre déterminations chacune. Les résultats de la teneur en azote assimilable par les plantes ont donné la quantité d'azote directement disponible dans les sols pour une absorption ultérieure par les plantes. Ils ont également permis de déterminer l'application adéquate d'engrais.

Division des parcelles

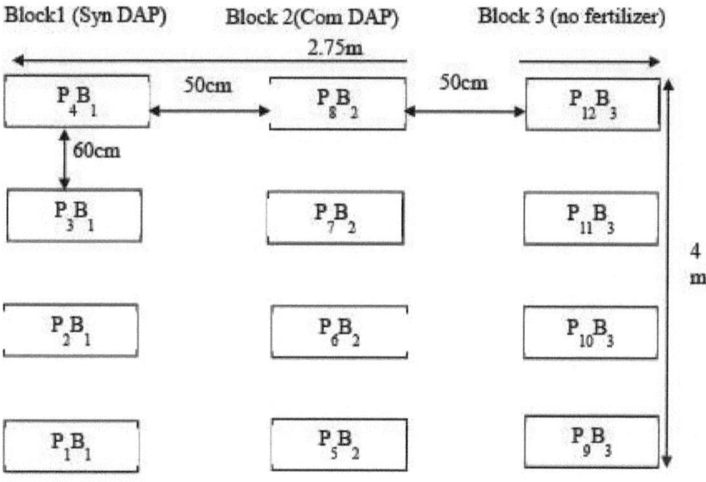

Figure 3.4 : Représentation schématique des parcelles dans la serre

La serre a été divisée en trois blocs, B_1, B_2, et B_3 mesurant 4 m x 2,75 m chacun avec un espace de 50 cm entre les blocs. Chaque bloc a été divisé en quatre parcelles mesurant 90 cm x 180 cm, chacune avec une distance de 60 cm entre les parcelles, comme le montre la figure 3.4. Dans le bloc B_1 , les plants de tomates ont été cultivés avec un engrais DAP synthétisé, dans le bloc B_2 , les plants de tomates ont été cultivés avec un engrais DAP commercial tandis que dans le bloc B_3 , les plants de tomates ont été cultivés sans engrais. Dans chaque parcelle, les plants ont été plantés sur 2 rangées espacées de 35 cm. Chaque rangée contenait 5 plantes, donc une parcelle contenait 10 plantes. L'irrigation a été effectuée en installant un système d'arrosage par filet. Un tuyau a été placé le long des parcelles et relié au réservoir d'eau (FAO des Nations Unies, Rome. 2013). Un thermostat a été installé pour enregistrer les températures maximales et minimales.

Transplantation de plants.

Les parcelles principales de la serre ont été soigneusement préparées avant la transplantation car les racines des tomates sont très faibles. On a réduit le compactage du sol et obtenu une croissance maximale des racines en surélevant les lits de terre. Les rangées sur lesquelles les plants devaient être transplantés ont été uniformément fertilisées et recouvertes d'une terre fine d'environ 2 cm de profondeur avant d'appliquer de l'eau.Pour limiter les effets de bord, davantage de plants de tomates ont été plantés le long des bordures. Toutes les pratiques standard telles que l'enlèvement des mauvaises herbes, la lutte contre les maladies (toutes les six semaines), la lutte contre les parasites (la serre était complètement fermée et l'ouverture de la porte était contrôlée pour éviter l'attaque des parasites) et l'irrigation (en continu) ont été effectuées pendant la durée de la croissance.

Les plantes qui devaient être utilisées pour la collecte de données ont été codées de manière à pouvoir être distinguées du reste de la population. Elles ont été codées en attachant des ficelles colorées pour faciliter l'identification des plantes. Les cinq plantes ont été utilisées pour la collecte des données pendant toute la durée de l'expérience. Un morceau de bois d'une longueur de 1 m et d'une taille de 1' x 1' a été marqué en centimètres et placé à côté du mètre sur lequel la ficelle sisal a été utilisée pour suivre la hauteur des plants de tomates. Ce processus a été répété pour recueillir des données pour chaque plant de tomate marqué.

La mesure de la hauteur des plantes en centimètres a été effectuée de la base au sommet de la feuille mature. La variation de la longueur des racines a été déterminée en utilisant la méthode de la carotte brisée où les racines visibles ont été extraites de la colonne de sol brisée et mesurées directement. Les feuilles des plantes sélectionnées pour la collecte de données ont également été codées. La mesure de la longueur des feuilles a été faite à partir du limbe et du pétiole et la largeur a été mesurée à partir de l'extrémité des pointes et de la distance entre les lobes les plus larges du limbe. Les données ont été prises toutes les semaines pendant les deux premières semaines, puis toutes les deux semaines de la deuxième à la douzième semaine, et les résultats complets ont été enregistrés dans les *tableaux 4.9 à 4.12* de la *section 4.8.*

CHAPITRE 4

4 Résultats et discussion

4.1 Introduction

Le but de cette étude était de préparer un engrais à base de phosphate diammonique en utilisant de l'acide phosphorique enrichi en phosphate d'os et de l'ammoniac obtenu par hydrolyse du nitrure de lithium. Ce chapitre présente les résultats des procédés de séparation de l'azote de l'air et de sa conversion en nitrure de lithium et d'hydrolyse du nitrure en ammoniac. Les résultats de l'extraction du phosphate d'os en acide phosphorique et de la réaction de l'acide phosphorique enrichi en phosphate d'os avec l'ammoniac pour donner un engrais de phosphate diammonique, la caractérisation de l'engrais préparé et la détermination de l'efficacité de celui-ci dans la culture des tomates en serre sont également présentés et discutés.

4.2 Séparation de l'azote de l'air

Ce résultat a été obtenu en éliminant l'oxygène, le CO_2 et la vapeur d'eau de l'air. La température de travail optimale pour l'élimination maximale de l'oxygène de l'air a été déterminée en faisant varier la température de travail et en mesurant le pourcentage d'élimination de l'oxygène. Le tableau 4.1 donne les résultats du pourcentage d'O_2 séparé lors du passage de l'air sur une masse constante de limaille de cuivre (850g) chauffée pendant 300 secondes à différentes températures.

D'après les résultats du tableau 4.1, la quantité d'oxygène séparée augmente généralement avec l'augmentation de la température. Cependant, il n'y a pas eu d'augmentation significative de l'oxygène séparé entre 250° C et 350° C, bien que l'augmentation du pourcentage d'oxygène séparé entre 350° C et 400° C ait été significative à (p-values = 0,000 < 0,05). La température de 400° C a donc été utilisée pour la séparation de l'oxygène de l'air. Les pourcentages d'oxygène séparé allaient de 92,7 à 98,8 %, ce qui indique qu'il y avait une diffusion efficace de l'oxygène dans le cuivre entre 200 et 400° C. Cependant, tout l'oxygène était censé être séparé de l'air afin d'obtenir de l'azote pur qui était censé réagir avec le lithium.

Tableau 4.1 : Moyenne de O_2 (%) éliminé de l'air à différentes températures

Température° C	Volume d'air passé (ml)/sec	Volume total d'air passé pendant 5 minutes (ml)	Masse de l'oxyde de cuivre formé (g)	Masse initiale des granulés de cuivre (ml)	Volume d'azote extrait	Moyenne % (±SD) O_2 pourcentage séparé
200	293.34	88002	874.51	850	68641.56	92,70 ± 1,375 [a]
250	291.72	87516	875.05	850	68262.48	95,43 ± 1,809 [b]
300	291.48	87444	875.26	850	68206.32	96.31 1.577 [bd]
350	291.12	87336	875.10	850	68122.08	95.89±1.481 [cbd]
400	290.61	87183	875.83	850	68002.74	98.79 ±1.297 [ed]

Les valeurs avec des lettres en exposant similaires n'indiquent pas de différence significative.

Pour s'assurer qu'aucune trace de l'oxygène qui est passé sans réagir avec les garnitures de cuivre chauffées n'atteigne le récipient de réaction contenant le lithium chauffé, le gaz a été passé à travers une solution de naphtalide de sodium. Du volume total de 8700 ml d'air passé à une température de 400° C, le volume d'oxygène séparé était de 18081 ml (séparation de 98,96 %) et 67860 ml d'azote extrait.

4.3 Réaction de l'azote avec le lithium

Environ 1,25 kg de lithium formé pendant l'électrolyse a réagi avec de l'azote gazeux à 250° C, donnant 1980,09 g (94,75 %) de conversion en nitrure de lithium sous forme de solide brun rougeâtre. Lors de l'hydrolyse, il y a eu une conversion de 94,75 % de Li_3N en ammoniac qui a réagi directement avec de l'acide phosphorique enrichi en phosphate d'os pour former 3170 g d'engrais de phosphate diammonique. Le lithium chauffé a brillé dans la première minute de la réaction, ce qui indique une diffusion rapide de l'azote à travers le lithium fondu. La molécule diatomique se dissocie à l'absorption puis diffuse sous forme atomique.

4.4 Pré-électrolyse et électrolyse du mélange LiCl - KCl

Les conditions de travail, à savoir la tension appliquée, le temps et la densité de courant, ont été obtenues et enregistrées comme résumé dans le tableau 4.2.

Tableau 4.2 : Changement de la tension et du courant avec le temps

Tension de la cellule (V)	Densité de courant $(A)/M^2$	Courant (A)	Temps (min)	Résistance	Rendement actuel (%)
1.20	0.85	4.49	17.4	0.267	89.0
1.40	0.94	4.06	21.3	0.345	87.9
1.53	1.06	3.60	27.6	0.425	88.0
1.85	1.08	3.54	46.5	0.522	89.9
2.00	1.09	3.50	43.9	0.571	81.6
2.19	1.18	3.24	42.2	0.676	78.9
2.20	1.57	2.43	42.4	0.905	75.0
2.27	1.32	2.89	42.7	0.978	73.0

Les observations effectuées indiquent que l'efficacité du courant passé diminue avec la baisse du courant appliqué (de 89,0 à 73,0 %) et que l'efficacité du courant diminue avec l'augmentation du temps et de la tension. Ceci est dû à l'épuisement de l'électrolyte et à l'augmentation de la densité de courant qui a augmenté les mouvements moléculaires, réduisant ainsi le temps de contact de l'électrolyte avec les électrodes. L'efficacité élevée du courant a également été influencée par la viscosité plus faible de l'électrolyte qui influence également le transport de masse, y compris la livraison des ions aux électrodes. Le meilleur courant observé dans la production de lithium était de 3,54 A.

La diminution du courant à partir de 4,49 A est une indication d'une plus grande conductivité électrique du sel à un potentiel plus élevé, ce qui montre que plus le courant passe à travers le sel, plus il est gaspillé. On a également remarqué que l'énergie consommée pendant l'électrolyse dépendait fortement du courant. La tension a également changé de façon marginale lorsque le courant a diminué rapidement, ce qui indique que la résistance du système était très faible. Après avoir établi la tension (1,85V) et le courant (3,54A) à appliquer sur la cellule d'électrolyse, on a laissé le processus d'électrolyse du mélange chlorure de lithium/chlorure de potassium fonctionner en continu pendant cinq jours et la masse de lithium a été recueillie par la méthode du débordement.

4.5 Extraction du phosphate d'os

L'évaluation de l'effet de la modification de la concentration d'acide phosphorique sur la dissolution des os est présentée dans le tableau 4.3.

Tableau 4.3 : Modification de la concentration d'acide sur la dissolution de l'os

Molarité de l'acide phosphorique (g/l)	Os : Rapport volume d'acide (g : ml)	Concentration d'acide après dissolution (g/l)	Masse des os n'ayant pas réagi (g)	% P dans le filtrat	Concentration de H_2SO_4 utilisée (g/l)
0.1	10:35	0.135	4.3	19.41	6
0.2	10:35	0.241	4.0	19.39	6
0.25	10:35	0.290	4.0	19.78	6
0.27	10:35	0.355	0.0	19.84	6
0.3	10:35	0.356	0.0	19.83	6

La dissolution des os n'était pas complète lorsque des concentrations de 0,1, 0,2, 0,25 M H_3PO_4 étaient utilisées. Une dissolution complète a été observée lorsque des concentrations de 0,275 M et 0,3 M ont été utilisées. Cela indique que la concentration d'acide phosphorique utilisée détermine l'étendue de la dissolution des os. La masse des os dissous dans le solvant a été exprimée comme la différence entre la masse initiale des os pesés avant l'expérience et la masse des os n'ayant pas réagi. Le calcul effectué pour les os dissous a donné les résultats suivants : % P (19,45), % P_2O_5 (44,58) et la concentration d'acide phosphorique est passée de 0,275 M à 4,58 M, ce qui signifie un enrichissement significatif en phosphate.

4.6 Détermination de (% N et PO_4^{-3}) dans le sol

La détermination du % N et PO_4^{-3} du sol utilisé pour la culture des tomates dans la serre a été faite et les résultats obtenus sont présentés dans le tableau 4.4.

Tableau 4.4 : Déterminations du % N et PO_4^{-3}

Echantillons de sol	Moyenne % N	S.E	PO_4^{-3} moyenne (ppm)	S.E
1	0.0303	0.0001	198	0.0001
2	0.0305	0.0001	198	0.0001

| 3 | 0.0302 | 0.0002 | 198 | 0.0001 |

Les résultats indiquent de faibles niveaux de phosphates disponibles (198 ppm) et de très faibles niveaux de pourcentage d'azote (0,0303). Ces résultats sont une indication que les plantes cultivées sans engrais peuvent avoir un retard de croissance défavorable. Ces résultats sont confirmés par les taux de croissance minimes des plants de tomates cultivés sans engrais, comme le montrent les *tableaux 4.9 - 4.12*.

4.7 Synthèse et caractérisation de l'engrais phosphate diammonique

Le rendement du phosphore dissous en g/l a été déterminé en tant que pourcentage massique de la teneur en phosphore de l'os broyé qui était équivalent à 28,11 % de $P_2 O_5$. La réaction de l'acide phosphorique avec l'ammoniac dans le rapport 1,4:1 a été une réaction très exothermique avec des températures enregistrées atteignant 95° C. La température la plus élevée enregistrée pendant la réaction était de 95° C mais les cristaux se sont formés à 51° C. Après la réaction, on a laissé refroidir les températures du récipient de réaction à 26° C. Les cristaux ont été filtrés de la liqueur mère et séchés à l'air, ce qui a donné une masse de 3170,60 g de phosphate diammonique, équivalente à un rendement de 48,06 %.

La courbe d'étalonnage des solutions étalons a été calibrée et l'équation utilisée pour calculer les concentrations de PO_4^{3-} dans l'engrais préparé et l'engrais obtenu commercialement. Les valeurs obtenues pour PO_4^{3-} ont été converties en phosphore total en les multipliant par 0,3261, tandis que le phosphore total a été converti en $P_2 O_5$ en multipliant les valeurs obtenues par 2,2915. Le tableau 4.5 montre l'absorbance moyenne et les concentrations des solutions standard, tandis que la figure 4.1 montre la courbe d'étalonnage.

Tableau 4.5 : absorbance moyenne et concentrations de la solution standard

Volume (ml) des étalons	Absorbance moyenne	Concentration de PO_4^{3-} (ppm)
1	0.2295	0.5580
2	0.3904	1.0204

3	0.5605	1.5092
4	0.7313	2.0000
5	0.9185	2.5379
6	1.0990	3.0566
7	1.2550	3.5049
8	1.3970	3.9129

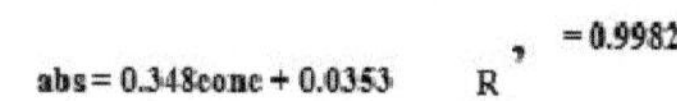

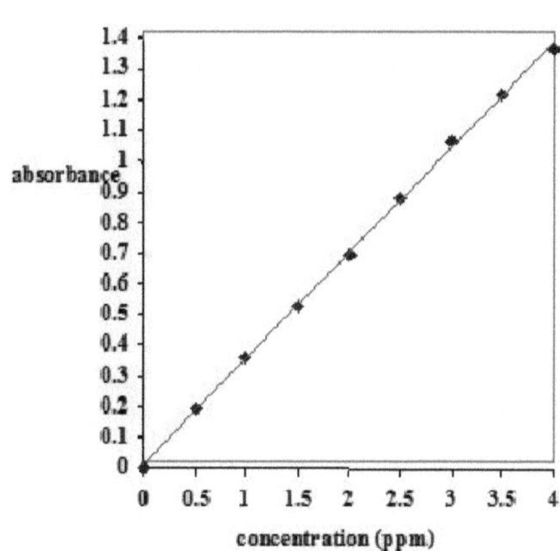

Figure 4.1 : Courbe d'étalonnage des étalons de phosphore

La concentration des niveaux de phosphate dans l'engrais a été déterminée en utilisant l'équation

de la courbe d'étalonnage et les résultats ont été enregistrés dans le tableau 4.6.

Tableau 4.6 : Niveaux de % P_2O_5 dans le DAP synthétisé et le DAP commercial

DAP synthétisé	Absorbance	Concentration (ppm)	% P_2O_5	DAP commercial	Absorbance	Concentration (ppm)	% P_2O_5
Echantillon 1	0.2428	0.5964	44.56	Echantillon 1	0.2467	0.6082	45.45
Echantillon 2	0.2433	0.5976	44.66	Echantillon 2	0.2471	0.6086	45.48
Echantillon 3	0.2426	0.5957	44.52	Echantillon 3	0.2470	0.6083	45.46
Moyenne	-	-	44.58	Moyenne	-	-	45.46
Rsd (%)	-	-	0.23	Rsd (%)	-	-	0.23

Le DAP synthétisé contenait 44,58 % de P_2O_5 , contre 45,46 % de P_2O_5 pour le DAP commercial. Cette différence pourrait s'expliquer par le fait que les os contiennent 15 - 19 % de P et que le phosphate naturel contient 15 ± 1 % de P (Coutand *et al.*, 2008). Les niveaux de N en % dans le DAP préparé et le DAP commercial ont été analysés en utilisant le procédé Kjeldahl et les résultats sont enregistrés dans le tableau 4.7.

Tableau 4.7 : Niveaux de % d'azote dans le DAP synthétisé et le DAP commercial

Engrais de laboratoire	Msample (g)	Vsample(ml)	%N	Engrais commerciaux	Msample (g)	Vsample(ml)	%N
Echantillon 1	0.6034	14.73	17.07	Echantillon 1	0.6680	16.55	17.35
Echantillon 2	0.5787	14.22	17.21	Echantillon 2	0.6979	17.14	17.20
Echantillon 3	0.6045	14.94	17.31	Echantillon 3	0.6758	16.78	17.39
Moyenne	-	-	17.19	Moyenne	-	-	17.31
Rsd (%)	-	-	0.77	Rsd (%)	-	-	0.77

Le DAP synthétisé contenait 17,19 % de N par rapport au DAP commercial (17,39 % de N), ce qui est probablement dû au fait que le DAP synthétisé a été mal stocké et a perdu une partie de son ammoniac. Les valeurs de la teneur en humidité pour les engrais déterminés ont été enregistrées dans le tableau 4.8.

Tableau 4.8 : Pourcentage d'humidité dans le DAP synthétisé et le DAP commercial

	Poids moyen de l'engrais humide (g)	Poids moyen de l'engrais sec (g)	% Teneur en humidité
DAP synthétisé	50	23.5	0.53 ± 0.14
DAP commercial	50	30.5	0.39 ± 0.06

L'engrais synthétisé contenait un pourcentage d'humidité plus élevé ($0,53 \pm 0,14$) par rapport à l'engrais commercial ($0,39 \pm 0,06$). Cela pourrait être attribué aux niveaux de solubilité de l'engrais. On suppose que l'engrais commercial contenait une faible teneur en humidité en raison du traitement auquel il a été soumis au cours du processus de fabrication.

Les résultats concernant le P_2O_5 dans le DAP synthétisé sont comparables aux résultats de David (2016), qui a observé que la teneur en phosphate de la phosphorite variait fortement de 4 à 20 % de P_2O_5 après avoir été enrichie ou valorisée à 28 % de P_2O_5 par séparation magnétique ou flottation. Des efforts similaires pour maximiser les conditions d'extraction afin d'obtenir une concentration maximale de P_2O_5 à partir du phosphate naturel ont également été réalisés par Muhammad *et al.* (2012) dans lesquels l'acide phosphorique est concentré de 4,8 % P_2O_5 à 65 % P_2O_5 .

4.8 Efficacité du DAP préparé dans la croissance des tomates

L'évaluation a été réalisée en appliquant l'engrais à des plants de tomates dans une serre et en surveillant les paramètres de croissance, notamment la hauteur, la longueur des feuilles, la largeur des feuilles et la longueur des racines, sur une période de douze semaines. Un engrais commercial a été utilisé comme contrôle positif. Les tomates cultivées sans engrais ont servi de témoin négatif.

4.8.1 Hauteur des plants de tomates

Les changements de hauteur des tomates plantées avec un engrais de laboratoire, un engrais commercial et sans engrais ont été mesurés sur une période de douze semaines. La hauteur des plantes a été mesurée chaque semaine pendant les deux premières semaines, puis toutes les deux semaines jusqu'à la douzième semaine. Le tableau 4.9 résume les résultats obtenus.

Tableau 4.9 : Changement de la hauteur des plants de tomates avec le temps

Engrais/plante	Hauteur des plants de tomates (cm)							
	Semaine 1	Semaine 2	Semaine 4	Semaine 6	Semaine 8	Semaine 10	Semaine 12	Marge
Engrais de synthèse	9.59 ± 0.29^{c}	21.52 ± 0.29^{c}	31.42 ± 0.29^{c}	33.72 ± 0.29^{c}	42.11 ± 0.29^{c}	47.93 ± 0.29^{c}	51.61 ± 0.29^{c}	34.02 ± 0.19
Engrais commerciaux	$10{,}27\pm0{,}29^{c}$	$22{,}33\pm0{,}29^{c}$	$28{,}99\pm0{,}29^{c}$	$33{,}79\pm0{,}29^{c}$	$42{,}446\pm0{,}29^{c}$	$49{,}43\pm0{,}29^{c}$	$53{,}3\pm0{,}29^{c}$	34.37 ± 0.19
Pas d'engrais	5.69 ± 0.29^{c}	10.22 ± 0.29^{c}	17.70 ± 0.29^{c}	18.80 ± 0.29^{c}	20.04 ± 0.29^{c}	20.04 ± 0.29^{c}	20.41 ± 0.29^{c}	16.13 ± 0.19

Il ressort du tableau que la hauteur des plants de tomates plantés avec l'engrais de synthèse a augmenté avec le temps à partir de la première semaine pour atteindre son maximum à la douzième semaine. La hauteur atteinte n'était pas significativement différente de celle observée avec les tomates plantées avec un engrais commercial (valeurs p = 0,000 < 0,05). La hauteur atteinte par les tomates plantées avec l'engrais synthétisé était significativement différente de la hauteur atteinte par les tomates plantées sans engrais (c'est-à-dire le contrôle négatif). On a constaté une augmentation de la hauteur des plants de tomates cultivés sans engrais jusqu'à la quatrième semaine, puis une réduction de la croissance comme le montrent les taux entre la sixième et la douzième semaine. Cela pourrait être attribué à la diminution de la disponibilité du phosphore natif dans le sol. Les plantes cultivées avec un engrais commercial ont donné la plus grande augmentation de hauteur, bien que l'augmentation ne soit pas significativement différente du changement de hauteur des plantes cultivées avec un engrais préparé en laboratoire. Les quantités relativement élevées de % N et de % $P_2 O_5$ dans les engrais commerciaux (17,31, 45,46) respectivement pourraient être la principale raison de la performance constamment meilleure du DAP commercial. La hauteur la plus élevée a été enregistrée à la douzième semaine. On a constaté une diminution significative du taux d'augmentation de la hauteur des plantes après la sixième semaine dans tous les traitements. Cela pourrait probablement être dû à la diminution des niveaux d'azote et de phosphore au fur et à mesure de la croissance des plantes. Le taux d'augmentation de la hauteur a été calculé comme une moyenne des valeurs entre deux semaines divisée par le temps. Pour le premier intervalle (entre la première et la deuxième semaine), le taux de croissance a été calculé comme l'augmentation de la longueur totale par jour.

4.8.2 Longueur de la racine des tomates

Les changements dans la longueur des racines des tomates plantées avec un engrais synthétisé, un engrais commercial et sans engrais ont été mesurés sur une période de douze semaines. La longueur des racines a été mesurée chaque semaine pendant les deux premières semaines, puis toutes les deux semaines jusqu'à la douzième semaine. Le tableau 4.10 résume les résultats obtenus.

Tableau 4.10 : Longueur des racines des plants de tomates

Engrais/plantes	Longueur de la racine (cm)							
	W_1	W_2	W_4	W_6	W_8	W_{10}	W_{12}	Marge
Variation moyenne de la longueur des racines (Engrais de synthèse)	2.44±0.423[c]	13.12±0.423[c]	14.6±0.423[c]	16.12±0.423[c]	17.16±0.423[c]	18.0±0.423[c]	19.0±0.423[c]	13.917±0.027
Changement moyen de la longueur des racines (engrais commercial)	2.5±0.423[c]	13.12±0.423[c]	14.70±0.423[c]	15,94±0,423[c]	17.20±0.423[c]	18.96±0.423[c]	19.62±0.423[c]	14.388±0.027
Changement moyen de la longueur des racines (zéro engrais)	2.02±0.423[c]	2.74±0.423[c]	3.3±0.423[c]	3.98±0.423[c]	4.64±0.423[c]	5.16±0.423[c]	5.58±0.423[c]	14.588±0.027

Il ressort du tableau que la longueur des racines des plants de tomates qui ont été plantés avec l'engrais synthétisé a augmenté à partir de la première semaine et a atteint son maximum à la douzième semaine. On a également constaté une augmentation de la longueur des racines des plants cultivés avec de l'engrais commercial de la première à la douzième semaine. Le taux d'augmentation de la longueur des racines était plus important au début de la période de plantation, c'est-à-dire les semaines 1 et 2, que vers la fin (semaine 10 et semaine 12). Cela montre que les racines ont la plus grande demande en phosphore aux premiers stades de leur développement. Le changement de la longueur des racines des plantes cultivées sans engrais a été supprimé avec le temps, comme le montre la diminution du taux de croissance, une indication de carence en phosphore. Le changement de la longueur des racines des plantes cultivées avec un engrais synthétisé n'était pas significativement (valeurs p = 0,000 < 0,05) différent du changement de la longueur des racines des plantes cultivées avec un engrais commercial. Messele, (2016) décrit le phosphore comme un stimulant pour la formation et la croissance précoce des racines qui aide à l'absorption des minéraux essentiels et de l'eau.

4.8.3 Variation de la longueur des feuilles des plants de tomates

L'évolution de la longueur des feuilles des tomates plantées avec un engrais de synthèse, un engrais commercial et sans engrais a été mesurée sur une période de douze semaines. La longueur des feuilles a été mesurée chaque semaine pendant les deux premières semaines après la transplantation, puis toutes les deux semaines jusqu'à la douzième semaine. Le tableau 4.11 résume les résultats obtenus. La longueur des feuilles a continué à augmenter de la première à la douzième semaine pour les plantes cultivées avec l'engrais de synthèse, mais le taux d'augmentation de la longueur des feuilles a diminué avec le temps. Par exemple, la longueur des feuilles a augmenté de 2,51 cm à 5,67 cm de la première à la deuxième semaine, ce qui équivaut à un taux de variation de 0,45 cm/jour, et entre la deuxième et la troisième semaine, la longueur des feuilles a augmenté de 5,67 cm à 7,54 cm, ce qui équivaut à un taux de 0,13 cm/jour. La longueur des feuilles des plantes cultivées avec un engrais commercial a également augmenté de la première à la douzième semaine. Le taux d'augmentation de la longueur des feuilles en cm/jour a également diminué avec le temps.

Tableau 4.11 : Longueur des feuilles des plants de tomates

Engrais/plantes	Longueur de la feuille (cm)							
	W_1	W_2	W_4	W_6	W_8	W_{10}	W_{12}	Marge
Changement moyen de la longueur des feuilles (engrais de synthèse)	2.51±0.08 [c]	5.67±0.08 [c]	7.54±0.08 [c]	9.46±0.08 [c]	10.55±0.08 [c]	11.67±0.08 [c]	12.42±0.08 [c]	8.549±0.529
Changement moyen de la longueur des feuilles (engrais commercial)	2.39±0.08 [c]	5.74±0.08 [c]	7.94±0.08 [c]	9.48±0.08 [c]	10.83±0.08 [c]	11.88±0.08 [c]	13.06±0.08 [c]	8.763±0.529
Changement moyen de la longueur des feuilles (zéro engrais)	2.10±0.08 [c]	2.92±0.08 [c]	3.92±0.08 [c]	4.82±0.08 [c]	5.24±0.08 [c]	5.60 ±0.08 [c]	5.88± 0.08 [c]	4.355±0.529

Par exemple, entre la première et la deuxième semaine, la longueur des feuilles est passée de 2,10 cm à 2,92 cm, soit une augmentation de 0,11 m/jour, tandis qu'entre la deuxième et la troisième semaine, l'augmentation a été de 0,071 cm/jour. Les plantes auxquelles les engrais ont été appliqués ont donné des valeurs de longueur de feuille plus élevées par rapport aux plantes où aucun engrais n'a été appliqué. Pour les deux engrais (synthétisé et commercial), les plantes cultivées avec les engrais commerciaux ont donné des valeurs de longueur de feuille plus élevées par rapport aux plantes cultivées avec l'engrais de laboratoire, bien que les deux engrais ne soient pas significativement différents (valeurs $p = 0,000 < 0,05$). Des recherches antérieures ont montré que l'engrais phosphate diammonique contient de l'azote qui a un effet promoteur sur la croissance des feuilles (Marschner, 2002).

4.8.4 Largeur du feuillage des tomates

L'évolution de la largeur des feuilles des tomates plantées avec un engrais de synthèse, un engrais commercial et sans engrais a été mesurée sur une période de douze semaines. La largeur des feuilles a été mesurée chaque semaine pendant les deux premières semaines, puis toutes les deux semaines jusqu'aux douze semaines. Le tableau 4.12 résume les résultats obtenus.

Tableau 4.12 : Variation de la largeur des feuilles des plants de tomates

Engrais/plantes	Largeur de la feuille (cm)							
	W_1	W_2	W_4	W_6	W_8	W_{10}	W_{12}	Marge
Variation moyenne de la largeur des feuilles (engrais de synthèse)	1.24± 0.043 [c]	2.8± 0.043 [c]	3.74±0.043 [c]	4.60±0.043 [c]	5.24 ± 0.043 [c]	5.74± 0.043 [c]	6.20± 0.043 [c]	4.222±0.028
Changement moyen de la largeur des feuilles (engrais commercial)	1.2 ±0.043 [c]	2.84±0.043 [c]	3.94±0.043 [c]	4.7 ±0.043 [c]	5.36 ±0.043 [c]	5.92±0.043 [c]	6.5 ±0.043 [c]	4.348±0.028
Variation moyenne de la largeur des feuilles (zéro engrais)	1,02 ±0,043 [c]	1.44 ±0.043 [c]	1,96 ±0,043 [c]	2,3 ±0,043 [c]	2,6 ±0,043 [c]	2.78 ±0.043 [c]	2,92 ±0,043 [c]	2.145±0.028

La largeur des feuilles a progressivement augmenté de la première à la douzième semaine pour les plantes cultivées avec l'engrais de synthèse. Le taux d'augmentation de la largeur des feuilles a diminué avec le temps. Par exemple, entre la semaine un et la semaine deux, le taux était de 0,82 cm/jour, entre la semaine deux et la semaine trois, le taux était de 0,078 cm/jour et entre la semaine trois et la semaine quatre, le taux était de 0,061 cm/jour. La largeur des feuilles des plantes cultivées avec un engrais commercial a également augmenté de la première à la douzième semaine. Le taux d'augmentation de la largeur des feuilles a également diminué de la première à la douzième semaine, par exemple, entre la première et la deuxième semaine, le taux de croissance était de 0,23 cm/jour, entre la deuxième et la troisième semaine, le taux était de 0,078 cm/jour et entre la troisième et la quatrième semaine, le taux était de 0,054 cm/jour.

La largeur des feuilles des plantes cultivées sans engrais a également augmenté de façon marginale. Par exemple, entre la première et la deuxième semaine, la largeur des feuilles est passée de 1,02 cm à 1,44 cm, soit une augmentation de 0,06 cm/jour, et entre la deuxième et la troisième semaine, l'augmentation a été de 0,03 cm/jour. Les plantes auxquelles les engrais ont été appliqués ont donné des valeurs de largeur de feuille plus élevées par rapport aux plantes où aucun engrais n'a été appliqué. Les plantes cultivées avec un engrais commercial ont montré des valeurs de largeur de feuille plus élevées que les plantes cultivées avec un engrais synthétisé, mais les largeurs de feuille n'étaient pas significativement différentes à (valeurs p = 0,000 < 0,05). Des recherches antérieures (Marschner, 2002), ont montré que la largeur des feuilles de tomates augmente avec le temps lorsqu'elles sont plantées avec un engrais de phosphate diammonique. Shah Jahan Leghari *et al*, (2016) observent également qu'une réduction significative du taux d'augmentation de la largeur des feuilles est le résultat d'une réduction du phosphore au fil du temps qui entraîne une réduction de la division cellulaire et de l'expansion des feuilles.

CHAPITRE 5

5. Conclusions et recommandations

5.1 Conclusions

L'engrais DAP a été synthétisé, caractérisé et utilisé pour faire pousser des tomates en serre avec du DAP commercial comme témoin positif. Des plants de tomates cultivés sans engrais ont servi de contrôle négatif. Sur la base des résultats discutés dans cette thèse, les conclusions suivantes peuvent être faites :

i) L'azote a été séparé avec succès de l'air et utilisé pour générer du Li_3N qui a été hydrolysé en NH_3 pour la production de DAP.

ii) Une cellule d'électrolyse a été fabriquée, optimisée et utilisée pour recycler le LiOH produit lors de l'hydrolyse du Li_3N. Elle a été alimentée par un système hybride solaire/éolien.

iii) Le phosphate d'os a été extrait avec succès par hydrolyse acide, ce qui a permis d'enrichir l'acide phosphorique commercial de 0,275 M d'acide phosphorique c à 4,58 M.

iv) L'engrais DAP a été préparé avec succès en faisant réagir NH_3 provenant de l'hydrolyse de Li_3N avec de l'acide phosphorique enrichi en phosphate d'os.

v) Le DAP obtenu a été aussi efficace que le DAP commercial pour la culture des tomates en serre.

5.2 Recommandation s de l'étude

Bien qu'un schéma de réaction par étapes ait été développé, il est recommandé d'utiliser un processus continu lors de la mise en œuvre.

Références

Allen, D.A et Senoff, C.V. (1965). Dinitrogen Complexes and Nitrogen Fixation. *Journal de la communication chimique.* (24) 621 : 621 - 622.

Amponsha, D. Etsey, G et Nagai, H (1014). Détermination de la quantité de phosphate et de sulfate dans les échantillons de sol de la ferme de l'Université de Cape Coast. *Journal international de la science et de la technologie.* (3) 7 : 9 - 11.

Appl, Max (2005), "Ammonia", Ullman's Encyclopaedia of Industrial Chemistry, 40 Volume set. 7th Ed. Weinheim : Wiley-VCH . (27989 - 28005).

Appl, M (1982). Le procédé Haber et le développement du génie chimique, un siècle de génie chimique. New York. Plenum Press. 29 - 54.

Ball Jeff, (2007). Back to Basics : Les rôles de N, P, K et leurs sources. *International Journal of Current. Microbiology and Applied Sciences.* (3) 6 : 1085 - 1095.

Bartels, J. et Gurr, T. (1994). Phosphate rock. Dans les minéraux et roches industriels, 6th ed. Carr D.D.Ed. Société des mines, de la minéralogie et de l'exploration, Inc : Littleton. Co.USA. 751-764.

Bretislav, F. (2005). Fritz Haber (1868 - 1934). Angewandte Chemie (édition internationale) 44 : 3957 (2005) et 45 : 4053 (2006).

Brink, J.W. (1977). Ressources mondiales de phosphore. Ciba Found. Symposium. 57 : 23-48.

Cauyela, M. Markus W., Ribbe et Yilin, Hu. (2009). Propriétés dynamiques et biochimiques de la minéralisation pendant la décomposition initiale des résidus végétaux et animaux dans le sol. *Journal of Applied Soil Ecology.* 41:118-127.

Chen, F. Darvel, W. et Leung, W. (2004). Solubilité de l'apatite hydroxylée dans des solutions organiques simples. *Archives of Oral Biology.* (5) 49 : 359 - 367.

Christopher, H. Vegna, R et Jorana, H. (2018). Le phosphore comme goulot d'étranglement pour une alimentation adaptée. *Agriculture contemporaine.* (2) 67 : 117 -182.

Considine, M. (1994). Encyclopédie de la technologie chimique et des procédés. McGraw-Hill Book Publishers Ltd. 869- 871).

Cordell, D. White Markus W., Ribbe et Yilin, Hu, S. (2009). L'histoire du phosphore ! Sécurité alimentaire mondiale et nourriture pour la pensée. *Global Environmental Change.* 19 : 292-305
.

Cordell, D et Stewart, W. (2011). Peak Phosphorus : Clarifier les questions clés d'un débat vigoureux sur la sécurité et la durabilité du phosphore à long terme. *Durabilité.* 3 : 2022 - 2049.
Cordell, D. Schroder, J. Smith, A et Rose Mavin. (2010). Utilisation durable du phosphore. *Rapport de Plant Research International.* 357

Coutand, M. Markus W., Ribbe et Yilin, Hu. (2008). Caractéristiques des cendres de viande et de farine d'os industrielles et de laboratoire et leur application potentielle. *Journal of Hazard Materials.* 150 : 522- 532.

Crooks, W. (1898). The Report of the 68th Meeting of the British Association for the Advancement of Science. Londres/Britol. (1).

Csizinszky, A.A (2005) Production de tomates en plein champ. (Ln) : EPH Henvelnk (Eds) CAB International, Wallingford. Oxfordshire OXIOFDEU. 257-256.

David R (2016). La production mondiale d'ammoniac. *Nature Geoscience.* (1)10 : 636-639.

Deryl, P et Anderson, B. (2007). Peak Phosphorus. *Energy Bulletin.* 33164.

Dissanayake, C et Chandrajith, R. (2009). Engrais minéraux phosphatés, métaux traces et santé humaine. *Journal of Natural Science.* 37 : 153 - 165.

Doneges E (1963) 'Lithium Nitride' in Preparative Inorganic Chemistry, 2nd Ed. Edité par G. Bauer, Academic Press. NY. 1 : 1984.

Driver, J., Lijmbach, D. et Steen, I. (1999). Pourquoi récupérer le phosphore pour le recycler et comment ? *Technologie environnementale.* (7) 20 : 651 - 662

EcoSanRes, (2003). Closing the loop on Phosphorus. Stockholm, Stockholm Environment Institute (SEI) financé par SIDA : 2. AEE, 2009.

EFMA, (2000). Production d'acide phosphorique. Meilleures techniques disponibles pour la prévention et le contrôle de la pollution dans l'industrie des engrais. Brochure n° 4 sur 8, Ave. Evan Nieuwenhuyse 48 - 1160. Bruxelles. Belgique.

Ehl, R.G et Ihde, A. (1954). Les lois électrochimiques de Faradays et la détermination des poids équivalents. *Journal of Chemical Education.* 31 : 226 - 232

Emsley, J. (2000). L'élément 13th : The Sordid Tale of Munde, Fire and Phosphorus : John Wiley & Sons : New York, NY, USA ; ISB : 0 - 471. 39455 -6.

Ertl, G. (2003). Encyclopédie de la catalyse. John Wiley and Sons Ltd, New Jersey. 1 : 329 - 352.

FAO, (2017). Tendances et perspectives mondiales en matière d'engrais jusqu'en 2018. Organisation des Nations unies pour l'alimentation et l'agriculture. Rome.

FAO, (2018). Le rôle de l'agriculture dans le développement économique. In Proceedings in the International Conference on Agriculture and Economic Development, Rome, Italie. 3-5 mai 2018. FAO des Nations Unies, Rome, Italie.

FAO, (2013). Bonnes pratiques agricoles pour les cultures légumières sous serre. Principes des zones de climat méditerranéen. Nations Unies, Rome. 2013.

FAO, (2006). Sécurité alimentaire et développement agricole en Afrique sub-saharienne. FAO des Nations Unies, Rome. Italie.

FAO, (2010). Sécurité alimentaire et nutrition pour une meilleure durabilité du développement agricole et rural. FAO. L'agriculture mondiale.

Faraday, M. (1934). Les lois de l'électrolyse de Faraday. Encyclopédie Britannica. 7th Ed. 2267.

Les gens de Feed The Future. L'Agence américaine pour le développement international, le ministère américain de l'agriculture et la Fondation américaine pour le développement de l'Afrique, ont fait des rapports dans le système de suivi central de Feed the Future pour l'année fiscale 2019.

Filippelli, G. (2011). Formation des roches phosphatées et géochimie du phosphore marin : The Deep Time Perspective. Chemosphere. 84 : 759-766.

Funmilayo, E. et Oladeji, S. (2016). Analyse spectroscopique de la concentration de phosphate dans les échantillons de sol agricole et les échantillons d'eau en utilisant la méthode du bleu de molybdène. *Journal brésilien des sciences biologiques.* (3) 6 : 407 - 412.

Fryzuk, D.M et Samuel, A.J. (2000). The Continuous Story of Dinitrogen Activation. *Coordination Chemistry Reviews.* 200 - 202. 379 - 409.

Gergely, G., Weber, F., Lukacs, I., Toth, L., Howarth, E., Mihaly, J., et Balazi, C. (2010). Préparation et caractérisation de l'apatite hydroxyle à partir de coquille d'œuf. *Ceramic International Journal of Material Sciences.* (2) 36 : 803 - 806.

Greenwood, N.N et Earnshaw, A. (1984). The Cyanamide Industry in Chemistry of Elements'. Pergamon, New York. 537-558.

Recensement des logements et de la population (2017). Répartition de la population et des ménages par caractéristiques socio-économiques. Bureau national des statistiques du Kenya. 11 : 397 - 398.

Association internationale de l'industrie des engrais (IFA) (2008). Nourrir la Terre : Fertilizers and Global Food Security, Market Drivers and Fertilizer Economics ; IFA : Paris, France.

IFFRI, (2013) Révolution verte : Malédiction ou bénédiction ! Institut international de recherche sur les politiques alimentaires : Washington, DC. USA.

Institut international de nutrition végétale, (2015). Particularités des sources naturelles : Diammonium Phosphate. 17 : 11040.

Jahn, G. (2004). Interactions multitrophes dans le sol et lutte intégrée. *Organisation internationale de lutte biologique (OILB) Bulletin WPRS* (1) 27:115-122.
Jasinski, S.M. (2009). Phosphate Rock, Mineral Commodity Summaries, US Geological Survey : Reston, VA, USA, 2009.

Jean - Michel Verier, Serge Jacubert, Jean Grosbois et Jean - Yves Dumousseau. (1986). Electrolyse en continu de LiCl en lithium métal. Numéro de brevet américain 4617098.

Johnson, A.E (2000). Phosphates du sol et des plantes : Association Internationale de l'Industrie des Engrais (IFA) : Paris, France.

Jogi, A.H (2002). Études sur les levures solubilisant le phosphate dans les sols agricoles salins et leur utilisation comme biofertilisant. Shodhganga : A Reservoir of Indian Theses @ INFLIBNET.

Kenya, gouvernement du, " Coûts annuels des engrais importés 2016 ". Bureau national des statistiques du Kenya. Février, 2017.

Kenya, Gouvernement du, Fertilizer Statistics Overview, Kenya. 2012 - 2015. Bureau national des statistiques du Kenya. Données validées le 4th Oct. 2016.

Kinga Krupa - Zuczek. (2008). Fabrication d'acide phosphorique à partir de l'hydroxyl apatite contenue dans les cendres de viande incinérée - cendres d'os. *Journal polonais de la technologie chimique.* (3) 10 : 13.

Kim, J. & Rees, D.C. (1992). Crystallographic Structure and Functional Implications of the Nitrogenase Molybdenum - Iron Protein from Azotobacter vinelandi. Nature. 360. 563.

Kirchmann, H Gunnar, B, Katterer, T et Yariv Cohen, (2017). De l'utilisation agricole des boues d'épuration à l'extraction des éléments nutritifs. *A Soil Science Outlook.* 46 : 143 - 154.

Knox, A. Su, X. Enowashu, E et Mondini, C. (2006). Phosphate sources and their suitability for remediation of contaminated soils. *Science Total Environment.* 357 : 271-279.

Lapedes, M. (1997). Encyclopédie de l'alimentation, de l'agriculture et de la nutrition. McGraw-Hill Publishers Ltd.

Larsen, T.A, Maurer, M. Udert, K.M, et Lienert, I. (2007). Cycles des nutriments et technologie de traitement des eaux usées. *Science et technologie de l'eau.* (5) 56 : 229 - 237.

Leyshon, D. (1999). (Jacob Engineering), Phosphate : Looking Back - Early Phosphate Technology, 14th Regional Phosphate Conference, Lakeland Centre, et Lakeland, Florida.

LeGeros R.Z. (1991). Les phosphates de calcium en biologie et médecine buccales. Monographies en sciences buccales. Karger, Bâle. 15:201.

Lide D.R. (2005). The CRC handbook of chemistry and physics. CRC Press, Boca Raton, Floride. 86:2544.
Mårald, E. I Mötet Mellan Jordbruk Och Kemi. (1998). Agrikulturkemins Framväxt på Lantbruksakademiens Experimentalfält 1850-1907 ; Institutionen för idéhistoria, Université d'Umeå, Suède.

Marschner, H. (2002). Nutrition minérale et réponse du rendement. Nutrition minérale des plantes supérieures. 2nd Ed. Academic Press. Londres. UK. 184 - 200.

Marshall, S. (1979). Processes, Polution Control and Energy. Fertilizer Industry. Noyes Data Corporation. 57 -59.

Messele, B. (2016). Effets des taux d'azote et de phosphore sur la croissance, le rendement et la qualité de l'oignon. *Journal de la recherche et de la technologie agricoles. Ethiopie.* Issue : 1(3) 1 : 23 -26.

Mills. F. A. (1995). Basic heat and Mass Transfer. Université de Californie à Los Angeles. IRWIN.

Ministère de l'agriculture (2009). Sécurité alimentaire au Kenya.

Mondini, C. Su, X. Enowashu, E et Schorr, M. (2008). Application au sol de farine de viande et d'os. Short term effects of mineralization dynamics and soil microbiological properties. *Journal of Soil Biology and Biochemistry*. 40 : 462 - 474.

Mosayoshi Koshino, (1988). Deuxième révision des méthodes d'analyse des engrais. Yokendo, Tokyo. 20 - 23.

Muhammad, K. Muhammad, A. Imtiaz -UD-DIN, Mohammed, K. et Nida, A. (2012). Fabrication d'acide phosphorique par la voie de l'acide chlorhydrique par extraction par solvant. Institut de recherche en chimie, Centre international des sciences chimiques et biologiques, Université de Karachi, Karachi-75270, Pakistan Institut de chimie, Centre international des sciences chimiques et biologiques, Université de Karachi, Karachi-75270, Pakistan.

Nishibayashi, Y. (2018). Fixation catalytique de l'azote à l'aide de complexes dinitrogènes de molybdène. *The Royal Chemical Science*. 10 : 543 - 557.

Oladeji, S., Adelowo, F. et Odelade, K. (2016). Évaluation du niveau de phosphate dans les échantillons d'eau en utilisant la méthode spectrophotométrique UV- visible. *Journal international de la recherche scientifique et des sciences de l'environnement*. (4) 4 : 102-108.

Prothero Donald R et Schwab, F. (2003). Sedimentary Geology. Macmillan Publishers Ltd. 265-269.

Qureshi, G. Stecher, M. U. Qureshi, T. Sultana et Bonn, G. K. (2012). Méthodes de production de l'acide phosphorique. *Journal de la société chimique du Pakistan*. 34 : 168.

Runge - Metzger, A. (1995). Closing the cycle : Obstacles à une gestion efficace du phosphore pour une meilleure sécurité alimentaire mondiale. SCOPE 54 - Le phosphore dans l'environnement mondial - Transferts, cycles et gestion.

Sayma, S. et Sharba, K. (2019). Engrais phosphorés : Les sources originales et commerciales, Phosphore - Récupération et recyclage. Tao Zhang. IntechOpen. DOI : 10.5772.

Schorr, M. et Lin, J. (1997). Wet Process Phosphoric acid Production. Problems and Solutions. Mines industrielles. 355 : 61 -71.

Schroder, H. Coutand, M. et Lin, J. (2000). Polyphosphate in Bones. *Journal of Biochemistry*. 65 : 353 - 361.

Schroder, J.J, Cordell, D. et Smit A, L. (2009). Utilisation durable du phosphore. Plant Research International. ENV. Appel d'offres. BI/ EIV/ 0025.

Seo, D. Kim, G et Lee, J.K. (2010). Frittage et dissolution d'hydroxyapatite dérivée d'os et de cendres. *Metals and Materials International*. (4) 16 : 687 - 692.

Shah Jahan Leghari, Niaz, A.W, Ghulam, M.L, Abdul, H.L, (2016). Rôle de l'azote pour la croissance et le développement des plantes. *Advances in Environmental Biology* (9) 10:209-218.

Shen, Y. et Wolsky, M. (1980). Flux d'énergie et de matières dans la production d'oxygène liquide et gazeux. US Dept. of Energy. (1) 117 : 121 - 134.

Sneddon, I. , Enowashu, E et Mondini, C. (2006). Use of Bone Meal Amendments to Immobilize Pb, Zn, and Cd in soil : a leaching column study. *Journal of Environment and Pollution.* 144 : 816 - 825.

Smith, B. , Richards, L. et Newton, E. (2004). Catalysis for Nitrogen Fixation : Nitrogenases, Relevant Chemical Models and Commercial Processes, Kluwer Academic Press, Dordrecht. (2) 32 : 150 - 162.

Steen, I. (1998). La disponibilité du phosphore au 21st siècle Gestion d'une ressource non renouvelable. Phosphore et Potassium. 217 : 25 - 31.

Stewart, W., Hammond, L et Kauwenberg, S. (2005). Le phosphore en tant que ressource naturelle. Phosphore : Agriculture and the Environment. Agronomy Monograph No. 46. American Society of Agronomy, Crop Science Society of America, Soil Science of America. Madison, WI, USA

Strong, F.C (1961). Les lois de Faraday en une seule équation. *Journal of Chemical Education.* (38) 89 : 112-114.

Su, X. Enowashu, E et Mondini, C. (2003). Organisation des cristaux d'apatite dans l'os tissé humain. *Journal of Applied Sciences.* (2) 32 : 150 - 162.

Tiitken, T. Su, X. Enowashu, E et Mondini, C. (2008). Diagnostic précoce de l'apatite des os et des dents en milieu fluvial et marin. Constraints from combined oxygen isotope, nitrogen and REE analysis. Palaeogeogr. Palaeodimatol. Palaeocol. 266 : 254 - 268.
Administration des informations sur l'énergie des États-Unis (2017). Manuel de puissance électrique. Analyse et projections. Récupéré : Juillet 2017.

Nations Unies DESA, (2015). Transformer le monde : L'Agenda 2030 pour le développement durable. Envision 2030.

Wayne Ronald Irvine. (1961). La réaction du lithium avec l'azote et la vapeur d'eau. Thèse présentée en réponse partielle aux exigences du diplôme de maîtrise en sciences du département des mines et de la métallurgie. Université de la Colombie-Britannique.

Wellborn, L (2008). La sécurité alimentaire menacée au Kenya. Nouvelles et communiqué de presse. Africa Future and Innovation, ISS Pretoria.

White, P.J et Hammond, J.P (2005). The Ecophysiology of Plant - Phosphorus Interractions. Springer Science + Business Media B.V.

William, J. et Mujid, S. (1985). Effets de température sur les taux de réaction Lithium - Azote. Centre de fusion des plasmas et le département d'ingénierie nucléaire. Cambridge, Massachusetts. *Journal. Chemical Sciences.* 10 : 21-39.

Perspectives du développement mondial, 2020. Département des affaires économiques et sociales des Nations unies, Division de la population. Horloge de la population mondiale.

Rapports trimestriels de la Banque mondiale, (2019). Rapports économiques mondiaux : Disposer d'un espace budgétaire et l'utiliser. Washington D.C.

Annexe 1 : Un *jiko* en argile

74

Annexe 2 : Effet de la variation des températures sur la séparation de l'oxygène de l'air

Expérience 1

Volume d'air passé (sec)	Temps (sec)	Température (° C)	Volume total d'air passé (ml)	Masse des granulés de cuivre (g)	Masse d'oxyde de cuivre formé (g)	Masse de l'oxyde formé (g)	% de séparation de l'oxygène de l'air
295.08	300	200	88564	850	875.30	25.3	95.25
291.27	300	200	87381	850	874.38	24.38	93.01
295.83	300	200	88749	850	874.29	24.29	91.24
291.76	300	200	87528	850	874.19	24.19	92.15
293.75	300	200	88125	850	874.37	24.37	92.20
292.39	300	200	88617	850	874.53	24.53	92.28

Expérience 2

Volume d'air passé (sec)	Temps (sec)	Température (° C)	Volume total d'air passé (ml)	Masse des granulés de cuivre (g)	Masse de l'oxyde de cuivre formé (g)	Masse de l'oxyde formé (g)	% de séparation de l'oxygène de l'air
290.01	300	250	87003	850	875.11	25.11	96.2
292.35	300	250	87705	850	875.63	25.63	97.41
292.08	300	250	87624	850	874.79	24.79	94.33
291.90	300	250	87570	850	874.26	24.26	92.34
293.15	300	250	87945	850	875.35	25.35	96.09
290.80	300	250	87240	850	875.19	25.19	96.25

Expérience 3

Volume d'air passé (sec)	Temps (sec)	Température (° C)	Volume total d'air passé (ml)	Masse des granulés de cuivre (g)	Masse de l'oxyde de cuivre formé (g)	Masse de l'oxyde formé (g)	% de séparation de l'oxygène de l'air
291.56	300	300	87468	850	875.16	25.16	95.88
292.12	300	300	87636	850	874.98	24.18	95.01
292.45	300	300	87735	850	875.58	25.58	97.18
290.67	300	300	87201	850	875.44	25.44	97.24
291.33	300	300	87399	850	874.69	24.68	94.16
290.80	300	300	87240	850	875.75	25.75	98.39

Expérience 4

Volume d'air passé (sec)	Temps (sec)	Température (^{o} C)	Volume total d'air passé (ml)	Masse des granulés de cuivre (g)	Masse de l'oxyde de cuivre formé (g)	Masse de l'oxyde formé (g)	% de séparation de l'oxygène de l'air
290.98	300	350	87294	850	875.70	25.70	98.16
291.08	300	350	87324	850	874.68	24.68	94.23
291.21	300	350	87363	850	874.81	24.81	94.69
290.68	300	350	87204	850	875.16	25.16	96.17
292.01	300	350	87608	850	875.39	25.39	96.91
290.77	300	350	87231	850	874.90	24.90	95.18

Expérience 5

Volume d'air passé (sec)	Temps (sec)	Température (^{o} C)	Volume total d'air passé (ml)	Masse des granulés de cuivre (g)	Masse de l'oxyde de cuivre formé (g)	Masse de l'oxyde formé (g)	% de séparation de l'oxygène de l'air
290.11	300	400	87033	850	876.01	26.01	99.65
290.19	300	400	87057	850	875.93	25.93	99.31
290.68	300	400	87204	850	875.61	25.61	97.89
291.01	300	400	87303	850	876.11	26.11	99.69
291.38	300	400	87414	850	875.32	25.32	96.56
290.32	300	400	87097	850	876.04	26.04	99.69

Annexe 3 : Electrolyse du mélange LiCl - KCl

Masse de lithium recueillie lors de l'électrolyse

No. d'exp.	Durée (heures)	Électrolyte	Température° C	Masse de lithium déposé (g)
1	120	LiCl - KCl	450	109.80
2	120	LiCl - KCl	450	110.50
3	120	LiCl - KCl	450	105.60
4	120	LiCl - KCl	450	110.90
5	120	LiCl - KCl	450	111.00
6	120	LiCl - KCl	450	112.10
7	120	LiCl - KCl	450	112.00
8	120	LiCl - KCl	450	102.60
9	120	LiCl - KCl	450	105.30
10	120	LiCl - KCl	450	103.50

Annexe 4 : Concentration la plus faible de H_3PO_4 pour la dissolution totale des ossements

Molarité de H_3PO_4	Masse des os : volume de H_3PO_4	Dissolution	Concentration d'acide après dissolution	Masse des os n'ayant pas réagi
0.1	10g:35ml	Pas totalement dissous	0.135	4.3
0.1	10g:34ml	Pas totalement dissous	0.133	4.2
0.1	10g:33ml	Pas totalement dissous	0.137	4.0
0.1	10g:32ml	Pas totalement dissous	0.137	4.0
0.1	10g:31ml	Pas totalement dissous	0.136	3.9
0.2	10g:35ml	Pas totalement dissous	0.241	4.0
0.2	10g:34ml	Pas totalement dissous	0.241	4.0
0.2	10g:33ml	Pas totalement dissous	0.246	4.1
0.2	10g:32ml	Pas totalement dissous	0.250	3.9
0.2	10g:31ml	Pas totalement dissous	0.255	3.8
0.3	10g:35ml	Totalement dissous	0.356	0
0.3	10g:34ml	Totalement dissous	0.355	0
0.3	10g:33ml	Totalement dissous	0.350	0
0.3	10g:32ml	Totalement dissous	0.350	0
0.3	10g:31ml	Totalement dissous	0.351	0
0.25	10g:35ml	Pas totalement dissous	0.286	3.7
0.25	10g:34ml	Pas totalement dissous	0.289	3.9
0.25	10g:33ml	Pas totalement dissous	0.290	4.0
0.25	10g:32ml	Pas totalement dissous	0.290	4.0
0.25	10g:31ml	Ne se dissout pas totalement	0.286	3.9
0.275	10g:34ml	Totalement dissous	0.355	0
0.275	10g:33ml	Totalement dissous	0.350	0
0.275	10g:32ml	Totalement dissous	0.350	0
0.275	10g:31ml	Totalement dissous	0.351	0

Annexe 5 : Détermination quantitative du phosphore dans les engrais synthétiques

Dans la méthode spectroscopique, les ions phosphormolybdate réagissent avec le phosphore comme atome coordinateur central, comme indiqué dans les équations ;

$$H_3PO_4 + 12H_2MoO_4 \rightarrow H_3P(Mo_3O_{10)} + 10H_2O$$

$PO_4^{3-} + 12(NH_4)2MoO_4 + 24H^+ \rightarrow (NH_4)3PO_4 . 12MoO_3 + NH_4 +$

$12H_2O(NH_4)3PO_4 . 12MoO_3 + N_2H_4 . H_2O \rightarrow$ molybdenum blue.

Dans des conditions d'analyse efficaces, l'intensité de la couleur bleue (absorbance) est directement proportionnelle à la concentration de phosphore dans l'échantillon. Le % de concentration de phosphore a été calculé à l'aide de l'équation ;

$$\%P = \left(\frac{\text{concentration}}{\text{mass}} \times \text{dilution factor}\right) \times 100$$

Annexe 6 : Préparation du mélange fusionné LiCl - KCl

Les masses LiCl - KCl de ont été obtenues à partir des calculs suivants ;

(i)   Surface de l'anode $= 2\pi r^2 + 2\pi rh$

$$= (3{,}14 \times 7{,}5 \times 7{,}5 \times 2) + (2 \times 3{,}14 \times 7{,}5 \times 10)$$

$$= 353.22 + 471.0$$

$$= 824.22 cm^2$$

(ii)   Surface de la cathode $= 2\pi rh$

$$= 2 \times 3{,}14 \times 8{,}5 \times 10$$

$$= 533.8 cm^2$$

(iii)   Distance interpolaire entre la cathode et l'anode = 2cm

(iv)   La batterie est de 12V

$V = I \times R$; où I = courant et R = résistance.

$12 = 200Ah \times R$

$R = 0{,}06$ ohms

(v)   Surface occupée par l'électrolyte $= \pi r^2 + 2\pi rh$

$$= (3{,}14 \times 8{,}5 \times 8{,}5) + (2 \times 3{,}14 \times 8{,}5 \times 15)$$

$$= 226.865 + 800.7$$

$$= 1027.565 cm^{2}$$

(vi)   Volume de l'électrolyseur $= \pi r^2 h$

$$= 3{,}14 \times 8{,}5 \times 8{,}5 \times 15$$

$$= 3402.\,975 cm^{3}$$

Annexe 7 : Cellule d'électrolyse principale fabriquée

Annexe 8 : La fabrication de la cellule d'électrolyse à partir de tôles inoxydables

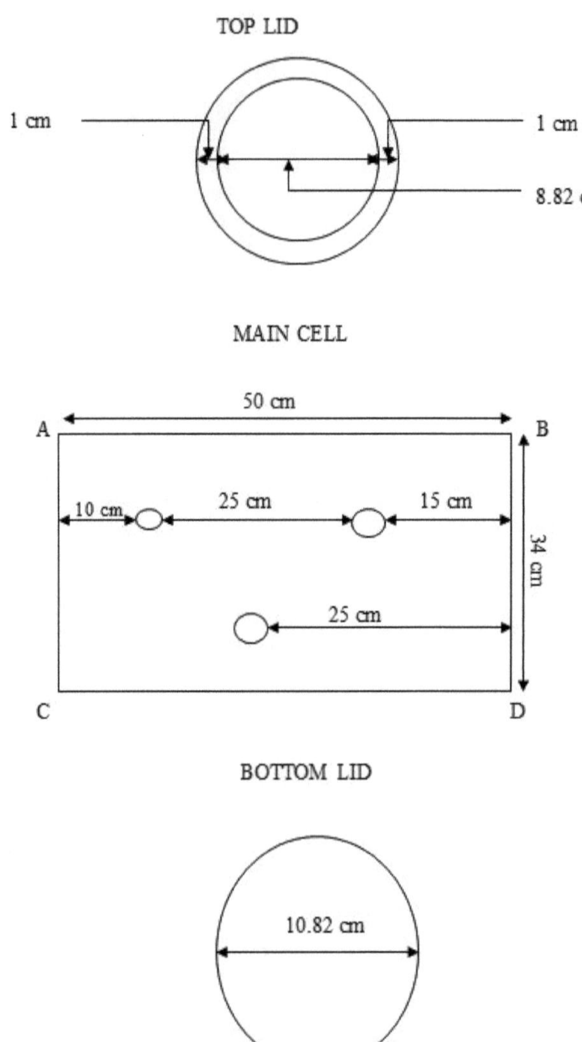

La feuille de 50 (longueur) x 34 (largeur) cm a été pliée comme indiqué ci-dessous et soudée le long de la ligne AB - CD pour créer un corps cylindrique.

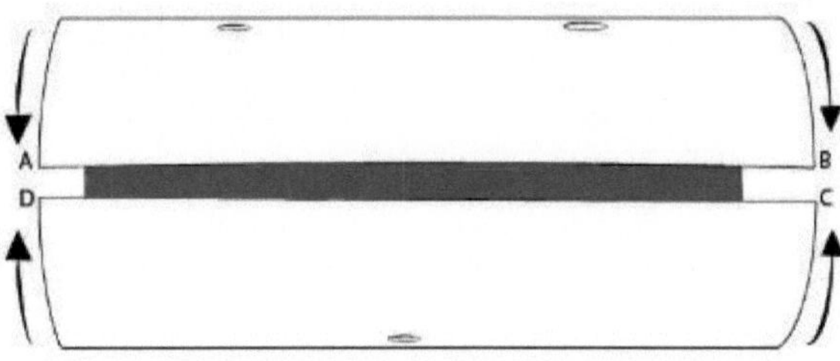

Deux couvercles ont été découpés, de forme circulaire et d'un diamètre de 10,82 cm. Ils ont été étiquetés comme couvercles supérieur et inférieur. Un trou de 8,82 cm de diamètre a été pratiqué dans le couvercle supérieur, comme illustré ci-dessous, pour y placer une électrode en graphite. L'anneau de 1 cm restant a été soudé à la partie cylindrique du corps principal de la cellule comme couvercle supérieur.

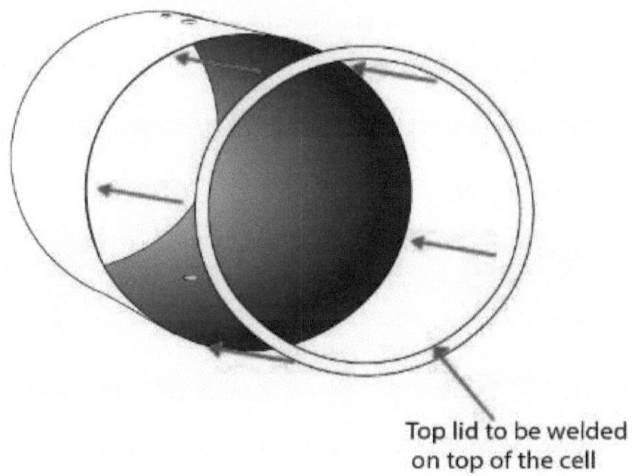

Une autre feuille d'acier inoxydable de 10 cm x 34 cm a été découpée dans la feuille restante comme indiqué ;

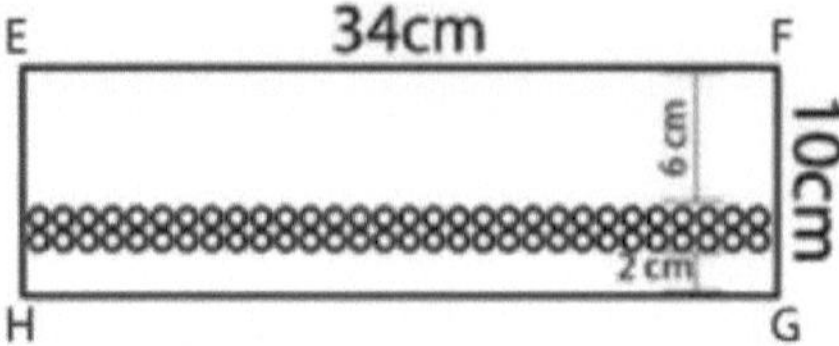

Les lignes EH et FG ont été jointes et transformées en une forme cylindrique comme indiqué

ci-dessous,

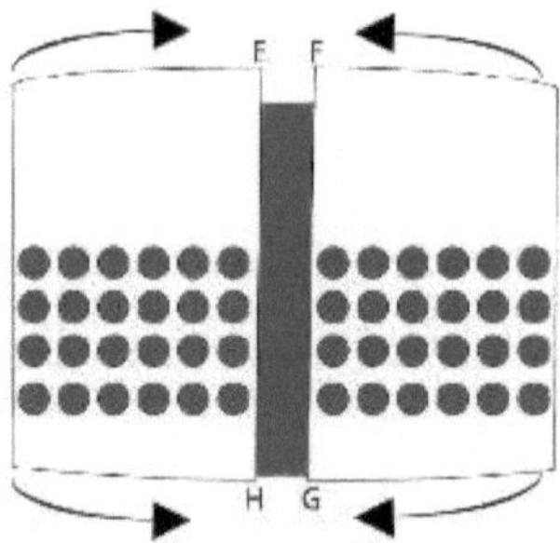

La pièce cylindrique a ensuite été fixée au couvercle inférieur avant que le couvercle ne soit

soudé à la cellule principale.

La cathode est fixée au couvercle inférieur avant d'être reliée au corps principal.

Vue en coupe de la cellule d'électrolyse montrant la cathode en couleur jaune

Après la soudure des couvercles supérieur et inférieur ainsi que des tuyaux d'entrée et de sortie, la cellule principale est apparue comme illustré ci-dessous.

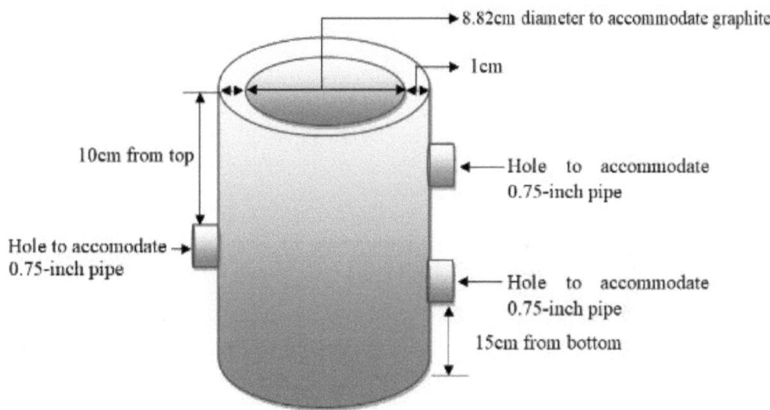

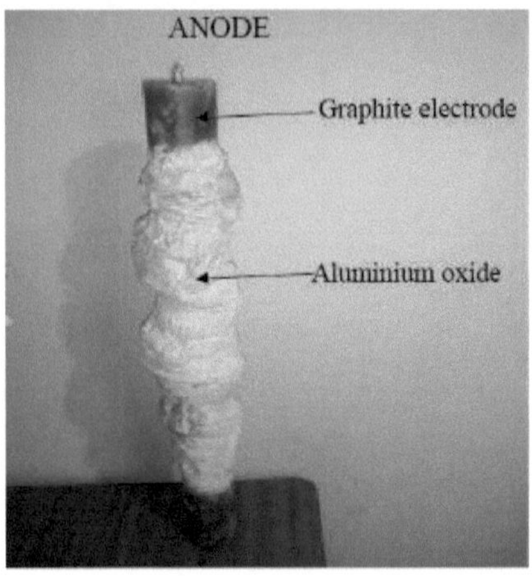

Elctrode isolée en graphite

Présentation en coupe transversale de l'électrode en graphite

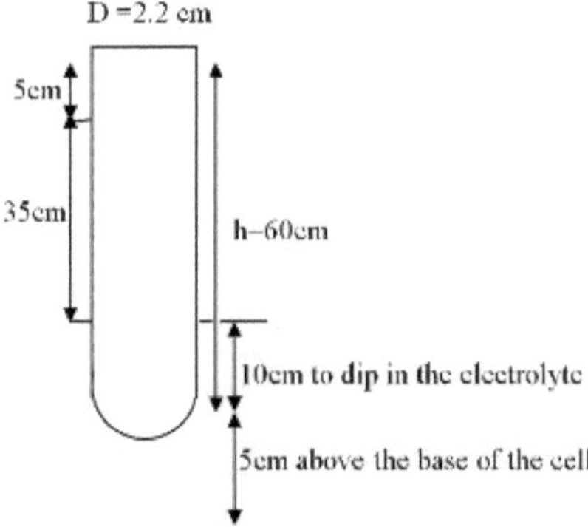

Une fine couche d'argile vermiculite/moule de ciment a été étalée autour de la partie supérieure de l'électrode pour maintenir le graphite fermement lorsqu'elle a été finalement insérée dans la cellule principale.

Le Séparateur

Le séparateur comprenait un compartiment de décantation, une sortie pour évacuer la phase supérieure légère (le lithium métal) par débordement et une sortie pour évacuer la phase inférieure dense qui est le mélange de sels fondus pour le recyclage. Il a été réalisé en découpant une feuille rectangulaire de tôle d'acier inoxydable de 50 cm x 25 cm étiquetée IJKL. Un trou a été percé à 20 cm du côté IJ pour accueillir un tuyau de 0,75 cm qui servirait d'entrée pour le retrait du lithium de la cellule principale pendant l'électrolyse. Les lignes IJ et LK seraient ensuite jointes et maniées pour donner une forme cylindrique.

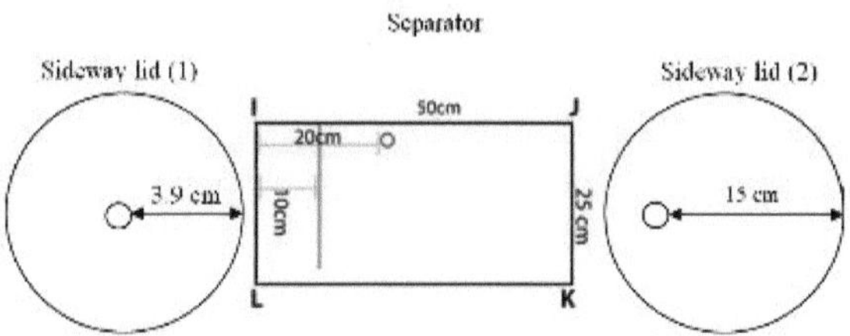

Une fine feuille de forme circulaire découpée comme indiqué a ensuite été insérée à 3,9 cm du côté IJ. Elle servira de séparateur pour la phase légère et la phase dense de l'électrolyte. Deux couvercles latéraux ont également été découpés en forme de cercle. Un trou a été fait dans chacun d'eux comme indiqué ci-dessous. Ils devaient par la suite être maniés sur les côtés. Des tuyaux de 0,75" de diamètre ont été montés comme indiqué sur le schéma.

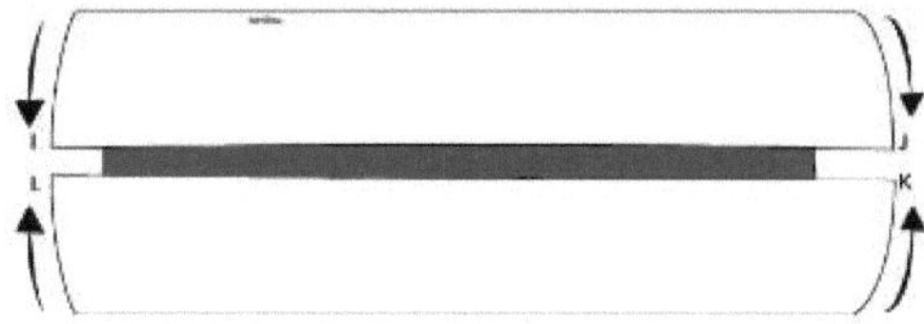

Le tampon

La cuve tampon a été fabriquée à partir d'une tôle rectangulaire en acier inoxydable mesurant 25 cm x 20 cm et étiquetée MNOP. Deux trous ont été réalisés, le trou A pour accueillir un tuyau provenant du séparateur et le trou B pour accueillir un tuyau qui serait utilisé pour alimenter l'électrolyte appauvri. Les couvercles 1 et 2 ont été soudés sur les côtés opposés pour obtenir un récipient tampon.

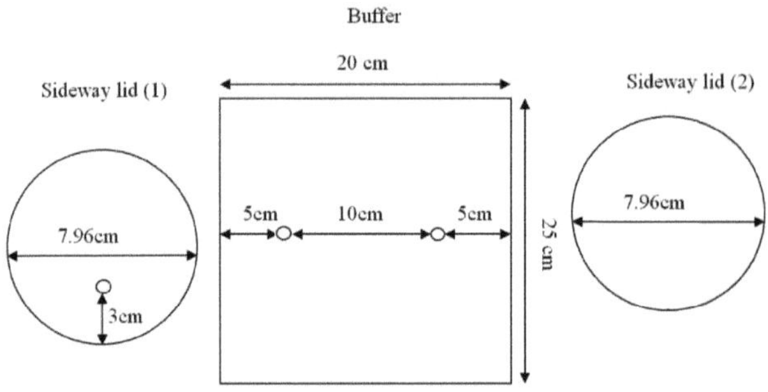

Deux couvercles latéraux circulaires de 25 cm de circonférence ont été découpés. Un trou a été fait sur le couvercle latéral 1 pour accueillir un tuyau de 0,75" de diamètre comme indiqué. Ce tuyau a ensuite été raccordé à la pompe. Les deux couvercles ont ensuite été manipulés aux deux extrémités comme indiqué.

Schéma en coupe du tampon assemblé

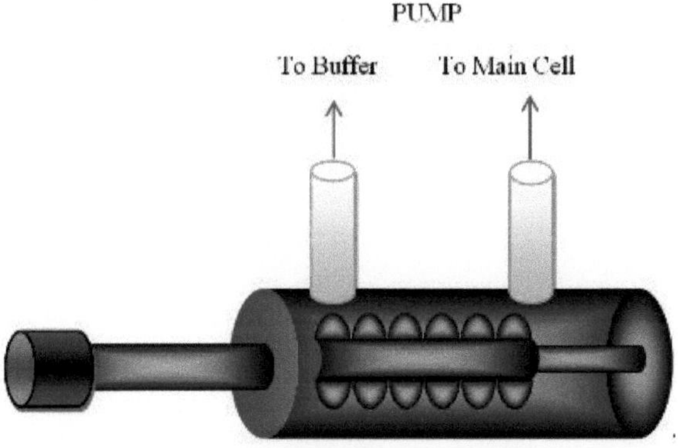

La pompe facilite la circulation du milieu fondu dans l'électrolyseur.

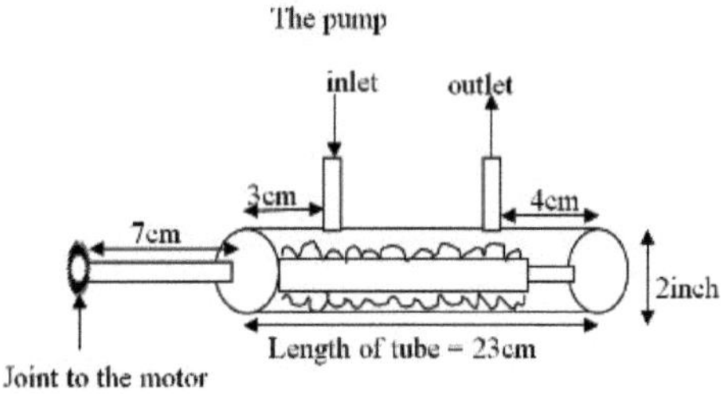

Schéma de la pompe

Annexe 9 : Cellule d'électrolyse montrant tous les composants assemblés

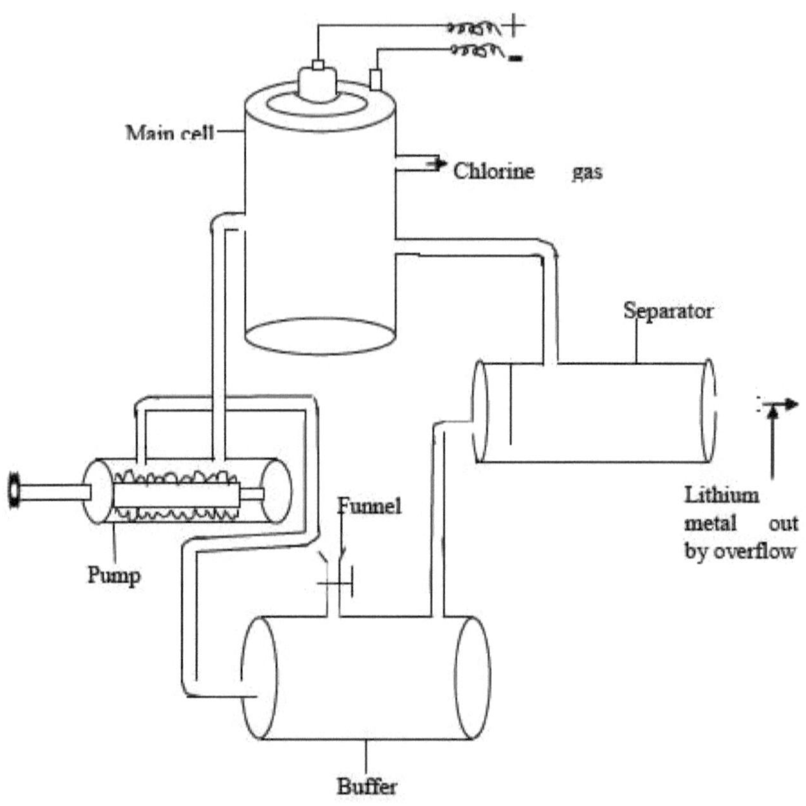

Annexe 10 : La maison verte

La serre qui a été utilisée pendant l'étude a été construite au Centre approprié de l'Université Kenyatta en utilisant les matériaux et la procédure suivants.

Résumé des matériaux utilisés dans la construction de la serre

Matériaux	Outils
Six blocs de béton	Outils de creusement
Deux boîtes de vis extérieures	Gants et lunettes de sécurité
Six vis galvanisées 5x10	Perceuse et mèches
Cinq planches de 2 x 4"12 pieds	Marteau
Dix planches de 2 x 4" de 6 pieds	Niveau à bulle
Seize planches de 2 x 4" de 8 pieds	Niveau de menuiserie
Deux rouleaux de feuilles de plastique de serre de 12 pieds	Niveau de mesure
Système de contrôle de la température	
Thermomètre	

Six trous d'environ 6 pouces de profondeur ont été creusés pour les blocs de béton afin de former un rectangle de 8 pieds 4 x 12 pouces. Un marteau a été utilisé pour les niveler dans la terre. Un cadre pour la façade a été construit en posant 28 pieds de planches de 2 x 4" parallèlement les unes aux autres à 8 pieds de distance. Des vis d'extérieur ont été utilisées pour fixer 3 autres planches de 2 x 4" de 8 pieds sur celles-ci afin d'obtenir un carré avec un 2 x 4" en son centre. Cette opération a été répétée pour le cadre arrière. Deux planches de 12 pieds 2 x 4" ont été posées parallèlement l'une à l'autre à 8 pieds de distance. Des vis extérieures ont été utilisées pour fixer cinq 2 x 4" de 8 pieds entre elles, une à chaque extrémité et trois régulièrement espacées au milieu. Le bas de l'arrière a été placé sur les blocs de béton et soulevé jusqu'à la verticale et vissé dans les blocs de béton.

Cette procédure a été répétée pour le côté et l'avant. Les cadres ont été vissés dans les cadres latéraux. Vingt et un ½ pieds de planches de 2 x 4" ont été coupés et des vis extérieures ont été utilisées pour les clouer au centre des cadres d'extrémité. 12 pieds de planches de 2 x 4" ont été coupées et placées sur ces planches de 2 x 4" et clouées en place avec des clous en pointe. Elles mesuraient environ 5 x 1½" de long à un angle de 32,75° . Elles ont été vissées à l'aide de la perceuse. La porte de 5" de large a été installée à l'avant et la serre fermée avec le plastique en utilisant une perceuse et des vis pour la fixer au bois. Cette construction a été réalisée avec l'aide de menuisiers et de techniciens de l'atelier scientifique et de la technologie appropriée de l'Université Kenyatta.

Après 25 jours, les plantes mesuraient entre 2 et 3 cm de haut et avaient en moyenne 3 feuilles.

Les feuilles, au nombre de 5 à 10, mesuraient environ 5 cm de long et présentaient une surface transpirante de 0,4 cm^2 . La tige de la plante au niveau du sol avait un diamètre de 0,5 cm.

Annexe 12 : Données recueillies pour les tomates dans la serre

Fertilizer Type	Plant Height							Root Length						
	Height for wk	Height for wk	After 30days	After 45days	After 60days	After 75days	After 90days	Root Length w	Root Length w	After 30days	After 45days	After 60days	After 75days	After 90days
1	9.76	20.45	30.62	33.31	42.17	47.97	51	2.6	13.3	14.8	16.2	17.2	18.3	19.2
1	9.83	20.11	31.25	33.37	42.33	47.73	51.66	2.2	12.9	14.8	16.1	17.3	18	19.1
1	9.9	21.66	30.52	33.03	41.33	48.53	51.5	2.6	13.2	14.5	16.2	17.3	18.3	19.2
1	9.83	22.7	32.67	34.67	43	48.13	52	2.4	13	14.7	15.9	16.9	18	18.9
1	9.67	22.71	32.06	34.25	41.76	47.33	51.9	2.4	13.2	14.6	16.2	17.1	18.1	18.9
Totals	48.99	107.63	157.12	168.63	210.59	239.69	258.06	12.2	65.6	73.4	80.6	85.8	90.7	95.3
Average	9.798	21.526	31.424	33.726	42.118	47.938	51.612	2.44	13.12	14.68	16.12	17.16	18.14	19.06
2	10.6	22.67	32.33	33.3	41.39	48.2	53.3	2.4	13.1	14.6	15.9	17.2	18.5	19.3
2	9.15	23.67	29.33	33.47	42.84	48.53	52.4	2.4	12.9	14.7	15.9	17.5	19	19.5
2	10.65	21.33	31.33	35.73	43.06	49.95	53.6	2.8	13.3	14.8	16	17.3	18.7	19.4
2	10.93	20.67	28.67	32.11	43.25	50.5	54.1	2.6	13.2	14.7	16	17.2	19.6	20.3
2	10.03	23.33	32	34.38	41.69	50	53.1	2.3	13.1	14.8	15.9	17.1	19	19.6
Totals	51.36	111.67	153.66	168.99	212.23	247.18	266.5	12.5	65.6	73.6	79.7	86.3	94.8	98.1
Average	10.272	22.334	30.732	33.798	42.446	49.436	53.3	2.5	13.12	14.72	15.94	17.26	18.96	19.62
3	5.86	10.91	17.69	18.39	19.06	19.9	20.2	2.2	2.8	3.3	4	4.7	5.3	5.7
3	6.04	11.07	17.65	18.65	19.4	19.66	20	1.9	2.7	3.3	3.9	4.6	5.1	5.4
3	5.54	10.6	17.75	19.5	19.9	20.37	20.66	1.7	2.6	3.3	4.1	4.8	5.2	5.6
3	4.31	8.2	17.39	18.9	19.06	19.4	20	2.1	2.7	3.2	3.9	4.5	5	5.5
3	5.73	10.3	18.03	19.66	20.37	20.9	21.2	2.2	2.9	3.4	4	4.6	5.2	5.7
Totals	27.48	51.08	88.51	95.1	97.79	100.23	102.06	10.1	13.7	16.5	19.9	23.2	25.8	27.9
Average	5.496	10.216	17.702	19.02	19.558	20.046	20.412	2.02	2.74	3.3	3.98	4.64	5.16	5.58

| Leaf Length | | | | | | | Leaf width | | | | | | |
Leaf Length wk	Leaf Length wk	After 30days	After 45days	After 60days	After 75days	After 90days	Leaf width wk1	Leaf width wk2	After 30days	After 45days	After 60days	After 75days	After 90days
2.21	4.57	6.27	8.31	9.69	10.85	12	1.1	2.3	3.1	4.1	4.8	5.4	6
2.43	5.86	7.1	8.97	10	10.9	11.1	1.2	2.9	3.5	4.4	5	5.4	5.6
2.37	5.54	7.47	9.67	11.32	12.05	13.1	1.2	2.7	3.7	4.8	5.6	6	6.5
2.82	6.04	8.22	10.01	11.22	12.4	13	1.4	3	4.1	5.1	5.6	6.2	6.5
2.72	6.37	8.67	10.38	10.54	11.7	12.9	1.3	3.1	4.3	4.6	5.2	5.7	6.4
12.55	28.38	37.73	47.34	52.77	57.9	62.1	6.2	14	18.7	23	26.2	28.7	31
2.51	5.676	7.546	9.468	10.554	11.58	12.42	1.24	2.8	3.74	4.6	5.24	5.74	6.2
2.28	4.31	6.6	8.52	9.74	10.9	12	1.1	2.1	3.3	4.2	4.8	5.4	6
2.24	5.72	7.4	9.42	10.67	11.8	13.2	1.1	2.8	3.7	4.7	5.3	5.9	6.6
2.38	6.01	8.32	9.75	11.1	12	13.1	1.2	3	4.1	4.8	5.5	6	6.5
2.42	6.64	8.9	10.1	11.5	12.3	13.6	1.2	3.3	4.4	5.2	5.7	6.1	6.7
2.66	6.03	8.52	9.65	11.15	12.4	13.4	1.3	3	4.2	4.6	5.5	6.2	6.7
11.98	28.71	39.74	47.44	54.16	59.4	65.3	5.9	14.2	19.7	23.5	26.8	29.6	32.5
2.396	5.742	7.948	9.488	10.832	11.88	13.06	1.18	2.84	3.94	4.7	5.36	5.92	6.5
1.79	2.42	3.8	4.6	5	5.4	5.6	0.8	1.2	1.9	2.3	2.5	2.7	2.8
1.91	2.66	3.6	4.7	5.1	5.5	5.9	0.9	1.3	1.8	2.3	2.5	2.7	2.9
2.22	3.29	4.1	5	5.4	5.7	5.9	1.1	1.6	2.1	2.5	2.7	2.8	2.9
2.14	3.4	4.3	5.2	5.7	6	6.2	1.1	1.7	2.1	2.1	2.8	3	3.1
2.46	2.86	3.8	4.6	5	5.4	5.8	1.2	1.4	1.9	2.3	2.5	2.7	2.9
10.52	14.63	19.6	24.1	26.2	28	29.4	5.1	7.2	9.8	11.5	13	13.9	14.6
2.104	2.926	3.92	4.82	5.24	5.6	5.88	1.02	1.44	1.96	2.3	2.6	2.78	2.92

Buy your books fast and straightforward online - at one of world's fastest growing online book stores! Environmentally sound due to Print-on-Demand technologies.

Buy your books online at
www.morebooks.shop

Achetez vos livres en ligne, vite et bien, sur l'une des librairies en ligne les plus performantes au monde!
En protégeant nos ressources et notre environnement grâce à l'impression à la demande.

La librairie en ligne pour acheter plus vite
www.morebooks.shop

KS OmniScriptum Publishing
Brivibas gatve 197
LV-1039 Riga, Latvia
Telefax: +371 686 204 55

info@omniscriptum.com
www.omniscriptum.com

Printed by Books on Demand GmbH, Norderstedt / Germany